U0023350

九華文創

Introduction to Management

管理學概論

一本學習管理學的入門書，主要當為大專學生學習一學期管理學的教科書之用。
也期望能幫助一般人適當做人處世與實際管理事業。

蔡宏進 ——— 著

新　序

　　本書是 2016 年出版《管理學概論》一書的新版，原書由唐山出版社印行，至今時日已久，也無再有新版計畫，坊間已不再見。有幸獲得元華文創出版社樂意再行出版，能再與讀者相見，甚受鼓勵。感謝兩家出版社前後提供本書出版的機會，以及給本人的鼓勵。

　　我寫本書的目的、原因、過程，與本書的特性、功用、範圍、區隔等，在書的〈原序〉中已有說明，於此再補充一點，這是一本較原理性的書，內容與寫法較為持久耐性，比較不必因時間改變而更改資料。但這種管理原理性的書，確也必要有管理實務的書為之相輔相成，作者也自我期許再有這樣的續作。

蔡宏進　再識於臺北寓所
2024 年 1 月

原　序

　　這是一本學習管理的入門書，主要用途在讓大專學生初學一學期的管理學課程時所使用，力求內容完整系統及文字的簡明易解。本書除扼要提供一般管理過程與功能的概念外，也周延提供管理的多種環境系統及類型的性質，前者包括自然、經濟、社會文化、政治、教育、法律、人口與國際關係等環境系統，後者則包括對人力資源、財務、生產、銷售及自我等的管理。

　　如今在高等教育體系的大專院校中設立不少有關管理的系所，並開授不少相關的課程。入門的課程多半僅能討論管理的過程，少有涉及較專門管理類型的內容，想學習不同管理類型知識的初學者，非再進一步分別修讀不同管理類型的課程或書籍不可，本書可供初學者能兼獲管理過程與類型兩方面的知識與心得。我撰寫此書的動機與興趣因覺得必要提供一本內容較為簡明精要的入門書，涵蓋範圍較能有系統且完整、資料較新、也有較多自己的想法、看法、經驗與心得，使管理的初學者讀之在內心較能有感受。

　　社會上多數的人多少都有管理事務的經驗，也都需要學習管理的原理，對於做人處事會有很大的幫助。想要經商賺錢的人更非得熟知管理的原理不行。如今管理學已成為深具學理也很實用的學術領域，是當代的一門顯學，在社會上各種實務體系中也都設有許多有關管理的機構與部門。許多人每日都在學習、摸索與實踐管理實務。在坊間書局陳列有關管理學的書籍不少，有以管理學為名者，其中不乏內容豐富，但體積卻很厚重，對於初學者負擔未免過於沉重，攜帶與使用也不很方便。另有不少是外文書的翻譯本，內

容難免會有水土不服的地方。也有不少的書是供為應對考試解答之用，較缺乏系統與完整的理解與論述。也見有不少以企業管理、財務管理、人事管理、組織管理、資訊管理等為書名者，都是較專門的管理學，也都為管理學的支門，並不適合入門的初學者用為較整合性教科書。另有將教科書的書寫方式圖解化，新奇有餘，卻有點顛覆思想溝通與文字表達的傳統價值與本色。

我寫這本《管理學概論》，是從闡揚社會學與經濟學等基本社會科學原理與概念在管理學上的應用為出發點，進而也注意前人已發展的管理學理念，以及注意一般人與自己在做事工作與日常生活方面所摸索與拿捏的實際管理概念，包括注意對事務與人身的管理，後者除包括管理他人，也包括管理自我本身。每人對於管理的結果會有滿意之處，也會有覺得不滿的地方，都將一併討論。彙集與整理這些經驗與心得，應能給初學者、實際管理的人及一般讀者與學習者有較實用的借鏡與參考。但願這樣寫法能使讀者對管理學有較深刻的認識與理解，並能使大家對於為人處事的成長與改進的管理也會實際有用，產生可觀的幫助。

我的一生過慣教書與寫作的生活，自從台大退休以後有較多自由時間，但也覺得總量有限，於是加緊腳步努力整理過去教學與研究的心得，將之撰寫成專書。回顧過去近一甲子的教書研究生涯，除寫學術論文外，也共出版專書近四十冊，但管理學是我曾經教學過，也有許多心得，卻尚未整理出書的一項，乃決定再做一些努力，使能成書，給養我與育我的社會及國家多盡一些責任。於是我再繼續提筆認真思考並書寫，心中也感覺頗為自在與踏實，希望書的內容也能獲得讀者的認同。本書能獲得唐山出版社的支持印行，在此表示敬謝之意。

蔡宏進 謹識
2016 年 1 月

目　次

第一篇
緒　論

第一章　管理學緒論

第一節　管理與管理學的意義與起源

一、管理的意義與起源

（一）意義

管理學可說是一種研究管理的學問，而「管理」一詞則具有動態及靜態兩種意義，當為動詞（manage）是指一種對資源作有效的計畫、組織、領導、運用、控制，以達成既定目的過程。當為名詞（management）是指一種決策、一種工作、一種方法或技巧、一門科學、一種官員、一種文化，或一種知識等。

（二）起源

管理的概念起源甚早，在中國自黃帝時代就設百官管理各方面的事務。在西方的古埃及、巴比倫與古希臘都曾發展出管理的思想概念，主要包括對政治、軍事、國家、家庭等的管理。

二、管理學的意義、起源與歷史

（一）意義

管理學也稱管理科學（management science）是一種研究管理活動規律及應用的科學，偏重使用有效的學問工具或方法來解決管理上的問題。重要的管理學問、工具與方法包括各種自然科學與社會科學，如生理學、動物學、植物學、心理學、社會學、政治

學、法律學、統計學等。因此管理學也是相當綜合性、應用性的學問，目的都在管好人及事情，使人有效率工作，事有條理運作，順利達成目的。

（二）起源與歷史

　　管理的學問與管理行動或實務同樣都起源於數千年之前。古代的軍事兵法，國王治理國家理論等都是重要的管理學起源。到了十九世紀古典經濟學家如亞當斯密斯、約翰米爾斯等提出的經濟學理論，對經濟資源分配、生產、價格策略等的論述成為現代管理學很重要的理論依據。

　　到了二十世紀管理學逐漸發展成獨立自主專門的科學。管理學理論家及其著作陸陸續續出現，著名的有泰勒的《科學管理原理》（1911）、吉爾布雷斯夫婦的《應用動作研究》（1917）、鄧肯的第一本大學用的管理教科書（1911）等。社會學家韋伯（1864-1920）等也從社會學角度探討管理問題。道奇（H. Dodge）、費雪（1890-1962）及弗萊（T. C. Fry）為管理學引入了統計技巧。

　　在二十世紀內，西方著名的大學紛紛設立管理學門部門，推展管理學的教學與研究，著名的有哈佛大學商學院於 1921 年開始設立工商管理碩士班（MBA），賓州大學的華頓商學院（Wharton School）早在 1881 年建立，是全美第一家商學院，對管理學的教育，在全美及世界商學院的排名一直名列前茅。當前全美及世界各著名大學也都設有管理學系或學院，進行管理學的教學與研究。管理學在政治上的應用則發展出公共行政學的領域。

第二節　管理與管理學的功用與發展原因

　　管理與管理學的功用是指其用途與好處。管理因有用途與好處才需要運作，管理學也因有用途與好處才需要研究與教育，本節分別說明管理與管理學的用途及好處，也即是其功用。

一、管理的功用

（一）管理的功用隨其動作內容發生

　　管理包含多種動作，各種不同管理動作的重要內容與性質不同，其主要的功用也各有重點，因而主要功用也各不同。管理學者指出管理具有五大重點工作與功能，即規劃、組織、用人、領導與控制。這些重點工作與功能也是其功用的要點，每項要點又各有細項的管理方法與技巧，因而也都有細項的功用，最終都在使管理的客體，包括人與效率能獲得較佳的產出。

（二）功用的類別

　　就以企業管理的細部功能或功用說明，基本上可細分成五個項目，即 1.生產或加工，即視投入原料轉換成產出成品。2.行銷，即將產品售給消費者或顧客，以滿足其需要。3.人力的選用，也即經過選人、訓練、用人、留人來運作企業的活動，使企業能正常營運並達成營利及貢獻社會的目標。4.研究發展，由力求研究創新，解決問題，使企業能生存並發展。5.財務運用，包括資金的籌措，調配與使用。企業管理必須在此五個細項都很周全，才能健全運作亦彰顯效能。

二、管理學的功用

　　管理學是指對有關管理的各種知識與學問，經過學習、創造、經驗與研究而獲得，包括理論概念及實用知識等，在當前的學術界及實務界都越來越受重視。在學術界結合經濟學、社會學、心理學、統計學等各種專門領域構成其獨特的學門，由許多教育機構及研究機構加以闡揚發展。在應用上則廣泛應用在企業等營利事業及非營利性各種機關與部門，都能發揮實際的功效，使各種營利與非營利機關與組織能因有效管理，而獲得更佳的功效。

三、管理學的發展原因

　　自二十世紀後半葉以來世界各國管理學的進步非常快速，因為數個原因造成，重要的原因包括下列這些。

（一）許多國家經濟突飛猛進，企業組織暴增，需要加以管理

　　二十世紀後半期，由於戰爭的結束，各國都較有餘心與餘力促進經濟發展，有效促進經濟發展的最重要方法是設立企業組織或團體，推動物資的生產運銷與消費。每種企業的經營過程都需要有效管理，才較能有成效。

（二）社會各種活動也趨於組織化，社會上成立許多組織

　　各種社會組織，除了企業性的，還有許多以達成各種目標的組織，包括休閒娛樂的、醫療的、政治的、教育的、宗教的等。為使各種組織都能盡好功能，以達成既定的目標，也都要加以管理，才能減少與解決問題，也才能有效行使功能。

（三）管理知識與學問突飛猛進

　　自二十世紀後半葉以來，人類停止戰爭，乃較有時間研究學

問，累積知識，在這時期學術界與高等教育機構紛紛開辦有關管理知識與方法的教學，經由研究與推廣，使管理學快速進步。

（四）管理的知識與學問實用性高

與其他許多知識與學問相比較，管理知識與學問的實用價值都相對較高，各種管理都可轉換成金錢，有者可增錢，有者可省錢。管理的知識與學問也可幫人節省氣力，達成同樣的目的。因有許多實際的好處，許多人都樂於學習與研究，也有許多人學來應用，並刺激從事研究的人更加努力研究出新的理論，概念與方法，供人學習使用。

第三節　近代管理學的演變與趨勢

在本章第一節有關管理的起源與歷史部份，已約略說明管理在較早前的演變與趨勢，本節針對近代管理學的演變與趨勢再作些補充。在此所謂近代是自第二次世界大戰以後至今約七十年的時間。自戰後世界各國的社會較趨安定，產業也在安定中謀發展，學術思想也有明顯的進步，有關管理的學術理論與實務在這段期間也突飛猛進。

自二次世界大戰結束以後，管理學的演變趨勢約可歸納成幾項要點加以說明。

一、科學性的發展

繼自二十世紀初以來重視科學基礎的精神繼續發揮光大。這期間對管理科學發展有較重大貢獻的學者包括 Ordway Fead（1891-1961），Walter Scott 及 J. Moroney 等將心理學原理應

用在管理學方面。Rensis Likert（1903-1981）及 Chvis Argyris 等，繼韋伯（Max Weber）之後應用社會學觀點於管理學上。H. Dodge, Ronald Fisher（1890-1962）及 Thornton C. Fry 則將統計學引進到管理學研究上。Patrick Blackett 於 1940 年代也將應用數學推展到作業研究上。

二、理論的發展

到了更晚近，不少管理學理論蓬勃發展，重要的理論有限制理論（Theory of constraints）、目標管理學（Managemnet by objectives）、資訊技術驅使理論（Information-technology driving theory）、團體管理論（group-management theory）等。

三、發展管理學的分支領域

在二十世紀末，商業性的管理共發展出六個重要的支門領域，包括 1.金融管理、2.人力資源管理、3.資訊技術管理、4.行銷管理、5.作業管理及 6.策略管理。

四、管理學的研究重點從重視功能轉變到也重視過程及目標等

自二十一世紀以來，管理學的研究方向也逐漸重視管理過程與管理目標等的研究。在這時期重要的研究趨勢包括對非營利組織及政府管理的研究，如：企業倫理、批判管理、教育管理、社會企業管理及民主化管理等的研究。

管理學是一門綜合性的學術理論及實務應用的科學，其原理

的發展受學術思想及社會經濟實際背景變化的影響甚鉅。但本節在如下所論影響近代管理學演變與趨勢的背景因素，僅限於學術思想背景方面，有關經濟結構背景、社會價值背景、環境資源背景、以及世界局勢背景等較大環境體系方面對管理的影響，將在第二章有所說明。

五、若干重要管理學者的貢獻與影響

近代管理學理論概念受管理學大師們學術思想的貢獻與影響甚大，大師們對於管理所作的論釋、說明與預警，對於管理學內容的走向與演變影響至深且鉅。近代世界著名的管理學大師包括下列諸人：Peter Drucker, Charles Handy, Tom Peters, Warren Bennis, Sumantra Choshal, Kenichi Ohnae, Gary Hamel, Rosabeth Moss Kanter, Bill Grates, Mickael Porter, Fons Trampenaars 及 Charles Hampden Turner 等。不同大師的主要管理思想各有不同的重點，都成為管理思想的重要部份，影響管理學概念的走向演變與趨勢。本節扼要列舉各大師的主要思想及其對管理學的演變與發展的重要影響。

（一）Peter Drucker：1909-2005

奧地利人，德國法蘭克福大學公法學博士，共發表 300 篇文章，64 篇學術性論文。主要的管理思想在目標管理，主張企業民營化，且管理知識應由實務經驗中獲取。其影響性的著作有《企業概念》、《成效管理》、《創新與創業精神》、《未來的管理及典範的移轉》、《行銷管理學》等。

（二）Tom Peters：1942-

美國人，史丹佛企管博士。共發表 528 篇文章，20 篇學術性

論文。主要管理思想包括公司管理的要素與特徵。重要的影響理念包括重新想像、追求卓越、自由管理等。

（三）Kenichi Ohmae：1943-

日本人，麻省理工學院博士。發表文章 60 篇，學術論文 18 篇。主要管理思想是知識經濟的變遷。主要影響在提出思考的技術及利用中國及無國界的管理觀念。

（四）Gary Hamel：1954-

美國人，密西根州立大學博士。發表文章 84 篇，學術論文 28 篇。主要管理思想是追求差異化及提出策略意圖。重要的影響在領導革命及對未來的競爭。

（五）Mickael Porter：1947-

美國人，哈佛大學博士，共發表文章 113 篇，學術論文 63 篇。主要管理思想包括一般性競爭策略、產業結構分析、國家政策略、創造力、洞察力及領導力、全球化與在地化同等重要。主要的影響方面在國家競爭優勢等。

（六）Sumantra Choshal：1948-2004

印度人，哈佛及麻省理工商學博士。共發表 77 篇文章，學術論文 62 篇。主要管理思想包括：525 定律，也即最近 5 年推出的新產品應有 75%。創造型組織重過程，新管理重點在人力資本管理，提出累積、連結及綑綁的新管理過程理念。主要的影響是越國界的管理、個人的合作等。

（七）Rosabeth Moss Kanter：1943-

美國人，哈佛及耶魯大學的教授。共發表 157 篇文章，76 篇學術性論文。主要思想在社會變遷的影響、強調組織的 5F 要素，

即快速、專門、強性、友善、有趣。強調組織伙伴三要事，即集中、結盟與連結。以及提出組織的新模式，即是精簡與扁平。重要的影響在主張要有自信、改變主人及全球階級性。

（八）Charles Handy：1932-

愛爾蘭人，麻省理工學院博士。共發表文章 106 篇，學術論文 17 篇。主要管理思想有組合式工作及四種組織文化，即權力、角色、目標及人身文化等。主要的影響在組織管理方面。

（九）John Kotter：1947-

美國人，哈佛大學商學博士。共發表 58 篇文章，學術論文 23 篇。主要思想在工業革命對經濟及管理的影響。應對世界經濟變遷管理應調整新規則、發展新領導藝術及激勵管理要素。重要影響或貢獻在提倡合作文化及有力的領導方法等。

（十）Warren Bennis：1925-2014

美國人，大學教授。共發表文章 155 篇，學術論文 31 篇。主要管理思想在領導理論，包括強調領導可由後天學習、每種領導方法、領導者的四大特質，即生意、有意義、信任及自信。重要的影響與貢獻在領導策略方面。

（十一）Fons Trompenaars：1953-及 Charles Hampden-Turner：1934-

兩位都為美國人，前者為賓州大學商學博士，文章 5 篇，後者是哈佛大學博士，文章 12 篇，學術論文 4 篇。主要思想在探討企業文化。發現全球化之下各地的企業文化有同有異。主張管理者應採彼此同具的觀點。也提出六個價值面相及 3R（認知、尊重與統合）來解決方矛盾與對立。主要的影響在企業文化的研究。

（十二）Peter Senges：1947-

美國人，麻省理工學院博士。文章 52 篇，學術論文 18 篇。主要思想有學習組織的五個元素及八個特徵。主要影響與貢獻在學習型組織方面。

（十三）William E. Deming：1900-1993

美國人，耶魯大學博士。文章 9 篇，都為學術性論文。主要思想在提出品質管理的 14 要點及載明循環理論。重要的影響與貢獻在品質管理。

（十四）Joseph Juran：1904-

羅馬尼亞人，芝加哥大學博士。文章 66 篇，學術性論文 13 篇。主要思想在主張品質要具合用性，要有三部曲，即計畫、控制及改進。以及品質突破的七個原理、品質改進七環節、80/20 原則，後者即指品質問題有 20%來自基層操作人員，80%來自管理者。主要影響與貢獻在品質管理方面。

（十五）Michael Hammer：1948-

美國人，麻省理工學院博士。文章 66 篇，學術論文 13 篇。主要思想強調企業流程再造因應市場變化。因應要點在資訊科技及高品質人才。主要影響與貢獻在企業流程再造。

（十六）Bill Gates：1955-

美國人，文章 104 篇，學術論文 4 篇。主要思想在傳播夢想、擬定企業的六步驟，即投入潛力雄厚市場、及早進入市場、建立獨占地位、保護此一地位、提出客戶無法拒絕的價格與服務。此外他也提出數位化神經系統的工作方法，及活力化的用人政策。重要影響在科技實務。

（十七）Ricardo Semler：1959-

　　巴西人，企業總裁。文章 6 篇，學術論文 3 篇。主要思想提出企業走向實驗性道路的六原則，即拋開營業額、不害怕從頭開始、別當保姆、使員工發揮才華、態度開放、迅速決策、廣結夥伴。重要影響與貢獻在有效發展傳統產業。

（十八）Jack Welch：1935-

　　美國人，化工博士。文章 50 篇，學術論文 1 篇。主要思想在提出 6Q 理論，即在 100 萬個機會中有 3、4 個之差。也即對品質有針對性的批判，並應以客戶利益為中心。主要影響與貢獻在品質管理方面。

　　由上列十餘位現代管理大師的重要管理思想的演變趨勢可看出涵蓋層面廣泛，包括人、思想、理念、行為、方法、工具、策略、結果等。但焦點目標都在探討由提出並使用有效的管理方法來達成或實現目標，使管理的主體或對策能有效成長與發展。

第四節　管理的角色

一、基本角色

　　一般說管理的基本角色，都只從正面宣示其重要性，也是基本功能，主要是在引導組織達成目標。每個組織都有其目標，管理者必須使用與調配資源達成組織的目標或任務。組織內管理者的工作即在督促每個分子有效活動，來達成組織目的，也督促組織分子避免作出妨礙達成組織目的的行為。

二、不同管理學者對管理角色的不同解說

管理學家對於管理的角色都有自己的說法。較常見的有兩套，一套是五個角色或功能說，另一套是十個角色或功能說。

（一）最簡要的三個基本角色說

對管理角色最簡單說法者指出有三種，即 1.人際角色，主要是協調與互動，2.資訊角色，即處理分享與分析資源，及 3.決策角色。

（二）Stroh, L. K., North Craft, G. B. 及 Neale, M. A. 等指出五種基本功能也是基本角色說

這五種基本管理功能或角色是計畫、組織、協調、命令與控制。

（三）Hemri Fayal（1841-1925）的六種功能或角色說

他所指出六項組織功能或角色則除了 Stroh 等人所提的五種外，再加預測一項。

（四）Mintzberg 的十項管理角色

Mintzberg 是一位管理專家，也是一位管理學教授，在 1990 年著書宣示管理者共有十個角色，即頭人、領袖、連絡者、監督者、辨識者、發言者、企業家、解除阻礙者、資源配置者及妥協者。這十種角色可歸納成三大類，即 1.前三小項屬人際關係類，2.四至六小項為資訊類，3.最後第 7 至第 10 項，為決策類。

除了上述四種分類方法以外，對管理角色持不同分類方法者會有不同。各種角色會有不同的動作及行為，也會對組織及其分子盡不同的功能。

第五節　管理的階層

一、較具規模的組織必要分層管理

　　社會上不少組織或機關規模相對較大，分工較為複雜，管理工作也常要分層進行，不能只由一人當管「校長兼敲鐘」，否則會管理不來。在規模越龐大，結構與功能越複雜的組織或機關，管理的業務或工作越必要分層進行。層級多少，則視必要而定。一般管理層級的數量與組織的規模等複雜度都呈正相關，但也有不確定的情形。為方便說明，在此將管理層級分成上、中、下三級。將各層管理的特性簡要說明如下，將每一層的特性分為名稱及管理功能的要點加以說明。

二、高層的管理

（一）名稱

　　此一階層管理者的名稱有多種，如為企業公司則有董事長、副董事長、總裁、副總裁、總經理、副總經理、董事、股東、監察人、執行董事、獨立董事。如為非營利性的組織，如學會、協會、黨等，則有理事會、理事長、理事、監事會、常務監事、監事、執行長、總幹事、主席、常務委員等。

（二）主要職掌或任務

　　高層管理者的主要職當與任務是決策及重大政策的執行。決策的過程則有多種，在較民主開放的組織或團體，決策都由團體作成，最高階層常綜合或聽取高階層中眾人意見後作決策，也有經由開會後投票或舉手決定而制定政策者。但在封閉專權的團體，決策常只由最高階者一人獨自決定，其餘的人少能參與意見。

　　高層管理者在執行政策時，也有較民主與較不民主等多種不同情形。前一種是當政策下放執行時必要找中下層幹部或管理者說明溝通，而後將執行權責下放，上層管理者只需監督評估。但是較獨裁專制的高層管理者，在執行政策時，常要事必親躬，或要派出親信祕密監督，少給中下層管理者獨立行事的權限，致使中下階層的管理者在執行時，被綁手綁腳，很難自如。

三、中層的管理

（一）名稱

　　此種管理者的名稱常位在高層管理者之下的專職人員及組織分設部門的主管。前者如企業或行政部門主管，如處長、副處長、組長、副組長、經理、副經理、課長、副課長等，也有用主任或副主任名稱者。後者如公司的經理、副理、主任等。

（二）主要職務

　　中階管理者主要的職務是執行政策，再分派給下層或基層落實，故具有「承先啟後」的角色性質，也即承接上層的決策與命令，交由下層落實執行。而能有效將政策落實下層或基層，中層管理者也需做好規劃、用人、組織、協調、控制、監督、評估等的管理職務。

　　在開明的組織或團體中，中階的管理者也負有下情上達，及將上層的旨意轉達下層的職務，傳達下情給上層，也常會影響上層的決策。故中階管理者的決策職能常是間接的而非直接的決策者。

四、基層的管理

（一）名稱

此一階層管理者有科長、股長、組長、工頭等不同名稱。在政治組織體系下，最基層的行政首長在里長或鄰長等職務。基層管理者主要負責對組織分子的工作分派、溝通、協調與服務。

（二）主要職務

在企業機關或組織的基層幹部或管理者主要負責監工，但本身也常要參與工作，即審核管理與監督。其管理業務中分派工作與協調都甚為重要。村里長等政治體系的基層管理者的主要職責則在傳遞政令及代表政府服務民眾。

第六節　管理的基本元素

本節所指管理的基本元素，是指管理包含的基本要素，也是構成管理的基本事項或條件。重要的基本元素約有三項，第一是組織，第二是管理者，第三是管理的方法與技巧。就此三項基本元素扼要說明如下。

一、組織元素

多半的管理工作或事務都在組織中進行，或以組織內的人物及事務為管理的主要對象。因為論述管理常與組織連結在一起，使用「組織管理」的名稱，此種管理是以組織為管理的範圍。在管理學所探討的各種類型管理中，企業管理及行政管理是兩大要項，此兩項最重要的管理也都牽連到組織，企業管理背後的組織主要是企業公司或廠商。行政管理背後的組織是政府機關或部門。

　　當然管理也可以針對個人而為，其中包含兩種對個人的不同管理，一種由個人自己管理自己，另一種是由管理者管理其他的個人。如為前者是一種反省或自控，如為後種管理，則牽涉到人際關係與互動，是團體或組織行為。

二、管理者

　　管理的第二項基本要素是管理者，也即是管理的主體，捨管理者也就無管理的主體，也就無管理的行為、過程或內容。因此管理者是管理不可或缺的另一基本要素。

三、管理方法與技巧

　　凡是管理工作或事務必定要使用到方法與技巧，重要的方法與技巧至少包含下列四大方面，即（一）知識的，或技術的方法與技巧（knowledge and/or techniques），管理者運用知識及技術來達成目標。（二）設計的方法與技巧（designer skills），管理者使用設計的技術與方法來處理及解決可見及不可見的各種問題。（三）溝通技巧（communication skills），此一技巧促進相互了解，以便交流觀念與訊息。（四）領導技巧（leadership skills），此種技巧用來影響他人，使其能達成組織或團體的共同目標。

第七節　管理的學習實踐與教學研究

一、促進管理與管理學的成長與發展

　　管理與管理學要能成長與發展，必須經由學習實踐與教學研究。管理學的學生由學習與實踐充實管理的知識與學問，也增進管理的實際能力。管理學的教師則由教學與研究精進管理的學理、方法、技巧，也促使管理學更加成熟與發展。實際上學習者與教學者都可將角色變換與交流，所謂教學相長。學與教對於管理的實務與管理學的理論都有助長的功用，就怕不學、不教，則此學問就會停留不前，未能長進。

二、學習與教學的重要元素

　　管理學的學習與教學需要包含若干元素，特之列舉並說明如下。

（一）學生

　　管理學的學生是專門學習管理學的主角或重要人物，有學生學習，就可促進管理學學理的成長。教科書的出版與使用、課程的開設、擴充及分化、學系的增設、教員的聘用等。管理學的學生可得自許多不同來源，大學部的學生可來自高中畢業生、就業後再進修人員、國內外的學習者等。研究所的學生則可得自不同學系的畢業生，或在職進修人員等。

（二）教師

　　管理學的教師必須由具備豐富管理學知識及實際經驗者擔任。在高等教育機關的教師必須具備一定水準的資格，如獲有特定學位或證書，以及某種研究著作的績效。

（三）資源設施

　　要使管理學的學習及教學有效進行，必須有設施為之補助。重要的資源設施包括資金、學校教室、圖書、教材用具、研究空間與設備等。

（四）設立獎勵制度或機制

　　為鼓勵學習及教學的成效，也必要有合適的鼓勵性制度與機制相配合，如提供優秀學習者獎學金或證書，提供優秀的教學者及研究者升等獎勵的制度與機會等。

第二章　管理實體的外在環境系統

第一節　管理實體的意義與種類

一、實體的意義與種類

（一）實體的意義

實體的英文為 entity，是指實質存在或象徵的事物。這些事物是可看得到，可觸摸到，或可感覺到。可能是物質的，也可能是抽象的或幻覺的。可能是有生命，但也可能是無生命的。

（二）實體的種類

依據實體的多重定義，分類的指標也很多，從有無生命的類型分，有生命的實體包括人及動物與昆蟲等生物，動物有牛、馬、羊、豬、狗、雞、鴨、鵝、鳥類與魚類等，也包含樹木、花草等植物。非生物的實體則包括石頭、泥土、桌子、椅子、衣服帽子等。實體也常用為形容詞加以表達，如用為形容生命實體的強壯、活力、衰弱、兇猛或溫和，用為形容非生物則可表達其美麗、醜陋、輕巧、笨重、堅固或薄弱的。

二、管理實體的意義與種類

（一）意義

管理實體是管理的對象或目標。這些管理的對象可能包括組織機構團體或某一特定事物，也都是具體或象徵的存在的。常是可

用眼睛看到，或用手指觸摸，以及用內心體會到的。其為實體也代表或象徵一群人物、一種物體或一項事務。

（二）種類

管理實體的種類也包括實質與象徵，有生命的人與動物和無生命的物與事。最常涵蓋的種類可能是一群人及其發生事務的組織、機構或團體，如企業組織、行政機關、教育及福利團體等，也可能是某一種特定事務如人力、職務、生產、銷售及服務等。以上各種管理的對象多數是可看得見的、能摸得到的、或可感覺到的實質物體或象徵性的事務。管理都為了使其更有效能與效率，能變得更好，達到更佳效果。

第二節　管理實體外在環境系統的意義、性質與類型

一、意義

管理實體的外在環境系統是指在管理實體之外圍，並會影響到管理實體的各種外在環境因素及其相關事項的總和。

二、一般性質

一般的環境系統是開放性，沒有邊界，並具有動態平衡性，長期存在並具有自我調整的機制，能維持自身的穩定性。一旦在短時間內發生變動，隨即會調整適應，使其重新達成平衡狀態。如自然環境中的颱風來襲時，風雨交加，過後又見風平浪靜，天氣放晴。

三、類型

　　管理實體的環境系統包含兩大類別，一種是自然環境系統，另一種是非自然的也即是人為的環境系統。其中後者又可細分成經濟環境、社會文化環境、政治環境、教育環境、科技環境、法律環境、人口環境及國際關係環境等。本章以下各節就各種自然及人為環境系統的內容及其對管理組織、機構團體及事務等的影響扼要加以分析與說明。

第三節　自然環境系統的性質與影響

一、性質

　　各種管理實體的自然環境具有兩項重要性質，一項是不受或少受人類影響的自然現象或物理現象。另一項是多少受到人為大規模干擾下自我運作的自然系統。前一類如空氣、水、氣候、能源、幅射、電荷及磁性。後一種如植物、土壤、岩石、動物、微生物等。

二、對管理實體的影響

　　上列各種自然資源，有者圍繞在管理實體的四周，有者遠離管理實體，卻都對管理實體會有影響，只是各種自然環境要素對於各種管理實體影響的性質不同。就各種自然環境要素的重要影響扼要說明如下。

（一）空氣的影響

　　空氣充滿在地球外表，各地的分布少有差別，但在高原地區

空氣中含氧量較稀薄，在工廠分布密度較高的地區，空氣則較骯髒，含氧稀薄以及較為骯髒的空氣都較不利人類的生存與活動，也較不利人類所管理的某些組織或機關實體的分布。

（二）水的影響

水是很重要的自然資源，是人類生存所必須，也是多種組織機構生存與運作所必須。農田需要有水的灌溉，工廠需要有水洗滌、冷卻或混合原料供為製造或加工，都不能缺乏水。

（三）氣候

氣候太冷太熱通常不適宜人類的生存與活動，也不適於人類所管理的組織及機關等的存在與運作，故地球上高溫的沙漠，及冰冷的極地，都少有人煙分布，必然也少有人類所管理的組織或機關團體等的分布與存在。

（四）能源的影響

世界上最重要的能源如石油及煤礦等，儲存地點分布不均，在極端缺乏能源的地區或國家，又缺乏購置能力之地，必然無法設置或使用某些耗費能源的組織、機關或團體等實體。各種管理實體的運作模式必定也會受到能源缺乏的限制而有特殊之性質，如為節約能源而對於耗費石油的汽車的使用與管理必有特殊之處。

（五）植物的影響

地球上植物的存在有原生及種植兩種不同情形，各種管理實體的運作與存在可能得到植物的幫助，如供給原料、美化景觀。但也可能受其障礙，因為需要植物的覆被而不能任意設置組織、機關或團體，譬如未能伐木而無法開發成農田及建築用地。

（六）土壤的影響

受土壤品質影響最大的管理實體應以農場為最，土壤品質良好的農場產量豐富，土壤品質不良的農場，則很難有好收成。在經營管理農場過程中，因土壤品質不同，需要施肥、種植等管理方式也必不相同。

（七）岩石的影響

地球表面的岩石分布之地，無法當為農耕之用，卻可能有益開發水泥、石灰或建築材料的工廠。在岩石上進行建築也較為困難。

（八）動物的影響

動物的種類很多，有天生者也有人類飼養者，不同動物分布地點不同，生態習性不同，對於管理實體的影響也甚為多樣複雜。重要的影響有如下兩點：第一，在有野獸出沒之地，對於人類及家禽和畜會有危險性，也會損壞農作物。第二，人類飼養動物，都要講究管理的方法，對不同動物飼養與管理方法都有所不同，也影響到管理者本身的生活方式與習慣會有特殊之處。

（九）微生物的影響

微生物散布在自然界各地，容易接近人身，有者有益人類健康，有者卻會傷害人類的健康。各種用肉眼看不見的微生物常為人類所關切與注意，因而被人類密切研究與管理，是化學與醫學研究與治理的重要對象。另方面微生物也會碰觸及圍繞人類所管理的各種實體，對之加以暗中幫助或破壞。許多醫藥、食品、疾病等是人類生活中十分關心管理的實體，也都深受微生物的變化與作用所影響。

第四節　經濟環境系統的性質與影響

一、性質

　　管理實體的經濟環境系統包含甚為廣泛，大致上可分總體經濟環境及個體經濟環境兩個大系統。前者指包含經濟成長或發展、經濟景氣、經濟政策與制度、市場情勢及技術水準等。後者則指需求程度、生產或服務動機與意願、供給能力、消費的偏好與水準等。

二、影響

　　各種經濟因素都可能成為影響管理實體的環境要素，但經濟環境因素對於經濟活動性或營利性的管理實體，如企業的影響尤其直接且明顯。故特別受到企業等營利組織或機關團體的管理者重視。如下選取若干重要的經濟環境要素，並扼要說明其對企業組織或機關團體的影響。

（一）經濟成長與發展的影響

　　古今中外各國的經濟成長有快慢之分，經濟發展水準有高低之別，各種經濟活動組織或企業的成長與運作都深受經濟成長與發展的環境所影響，甚至會受其限制。在經濟成長快速、發展蓬勃的環境之下，各種企業跟著快速成長發展，經營與生存都較容易。反之，當國家經濟成長與發展的大環境緩慢或停頓，企業等經濟實體的經營也會發生困難。

（二）經濟景氣的影響

　　國家或社會的經濟景氣有繁榮與蕭條的不同時候與情況。經濟景氣繁榮，百業興旺。經濟蕭條，百業困頓，經營管理的策略也

常隨之作轉變與調整。當經濟景氣，各行各業發展快速時，經營與管理的主要方針常會擴充增資。但當經濟不景氣，各種行業發展困難時，重要的經營管理方針常是縮減規模與資金，甚至要關門或遷廠，作為適應。

（三）經濟政策與制度的影響

不同國家與政府或同一國家與政府，在不同時間實施的經濟政策可能不同，對國計民生的影響也不同，人民所經營及管理的組織、機關、團體等實體受到的影響及採行的應對措施也都可能不同。臺灣在「戒急用忍」及強調「一邊一國」的政策下，各種產業都較能穩定成長。但自實行積極開放與西進政策以後，許多產業外移，人力資金也都外移，國內經營變為困難。

經濟制度中的各種稅制對於各種企業及社會組織生存與適應之道的影響甚鉅。許多企業或社會組織常因為經不起重稅負荷而關門倒閉，但也有不少企業或組織受到免稅或減稅的優惠而紛紛設立並發展，甚至也有因為退稅而虛設行號的情形。

（四）市場情勢的影響

市場可分國內及國外，也可分產地及消費者。市場上購買力強時，影響企業組織的生產供應旺盛。市場消費力弱，則影響生產品的出路無門，生產減量，以致停止或崩盤。

市場情勢的一項重要指標是價格行情，價漲則影響供應量增加，但也會影響需求量減少。價跌則影響供給量減少與需求量可能增加。供給與需求的增減對於生產者及消費者雙方都會有影響。影響生產相關的投資意願，經營策略，也影響消費者或消費團體的消費行為。

（五）技術水準的影響

技術水準隨知識水準提升而提升。技術水準影響企業組織的生產方法、產品種類及品質，也影響產品的價格與銷路。技術也影響消費者及消費機構對於物品的選擇與使用，包括選擇使用不同種類與品質的物品，改變其消費品味與嗜好。對整個國家與社會而言，技術水準會影響整個產業結構，也影響經濟發展水準。

（六）消費需求動機的影響

消費者的需求動機常是促進企業生產的主要因素與動力，消費動機與目標所在也常是生產供給目標所在。廠商等生產機關在決定與選擇生產種類與品質時，常會注意消費者的動向，作為適應。廣義的消費需求不僅是對物品的需求，也包括對精神方面的需求。因人們對宗教信仰有所需求，才會設立教堂及寺廟；因對讀書有需求，才會設立學校及出版社；因對音樂有需求，才會設立歌劇院或卡拉 OK 店；因對旅遊有需求，旅行社才會應運而生。

（七）生產或服務動機與意願的影響

社會上會出現各種廠商企業，因有企業者的生產動機與意願，且其主要動機在於營利。農業的發展也靠農民的生產動機與意願的推動，雖然小農的生產動機與意願都只是為了養家糊口。

社會上有些福利服務機構的興起，動機與意願不在營利，而是為提供福利與服務，因有這種動機與意願，社會上才能出現非營利性的社會福利與服務機構及組織，造福社會上較貧窮弱勢的人民及群體。

（八）供給能力的影響

社會上提供生產、福利與服務的機構與組織能夠成立並順利行使功能，除了動機與意願之外，還要擁有足夠的能力，包括資

金、知識與技能等。這些能力的來源常由供給者經由累積、學習與
努力得來。缺乏這些能力，則各種生產與服務實體很難形成，也難
行使功能，更談不上有形成後的管理事務的存在。

（九）消費的偏好與水準

　　許多經濟性或非經濟性的組織或機關團體，經營與管理的方
針與原則都要視消費者的偏好與水準而定。為吸引及應對消費能力
的消費者，設施與物品都要有較高的水準。反之，為投低消費能力
民眾所好，則不能將價格定位在太高的水準上，否則平民百姓可能
會消費不起，而不敢上門。

第五節　社會文化環境系統的意義與影響

一、意義

　　管理實體的社會文化環境是指各種社會價值觀念、風俗習
慣、制度、規範、語言訊息等。

二、影響

（一）社會價值觀念的影響

　　此種因素既是社會因素，也是文化因素。社會上多數人的共
同價值觀念即為社會性的因素，對於管理實體的定位、管理方針與
管理方法都會有相當決定性的影響。管理實體為求生存不能不注意
應對需求者或消費者的價值觀念，必要與之相符合，才能受到歡迎
與愛護，否則若與社會價值觀念相違背或相抵觸，必然會被拒絕與
唾棄。社會上不少不合乎社會道德規範的機構團體，最終都因被社
會上的眾人厭惡而無法立足與生存。

（二）風俗習慣的影響

風俗習慣是價值觀念的具體表現行為，久之即成為風俗習慣。組織與機關團體的宗旨與業務能符合風俗習慣便可大行其道，若有違風俗習慣，不為人們所容許或歡迎，必須躲躲藏藏，就很難生存。社會上的販毒機構及職業賭場，是較嚴重不符合風俗習慣者，常會被密告而被取締，終究也會被消滅。即使是由有頭有臉的大公司所經營的不合乎風俗習慣的製油廠，也終敵不過眾人的怨怒而關門。但有些只違風俗習慣但不犯法者，如不照習慣給小費，或不習慣送禮，則會被認為不近人情，因而被議論紛紛。

（三）制度規範的影響

制度規範是風俗習慣中更具固定形式並有約束力者，人們遵行的程度較高，違反者受到的制裁也較嚴厲。管理實體若有違社會制度規範者，被排斥與拒絕的程度也較高。因而違反制度規範的管理實體，也會比違反風俗習慣者少。前述職業賭場及販毒團體不僅違反風俗習慣，也違反了制度規範，甚至也有違法律規定，故被發覺後常要受到嚴厲的法律制裁。

（四）語言訊息的影響

語言與訊息是管理實體最重要的交際工具，也是其重要資源。當為交際工具，則管理實體必要使用語言與訊息和顧客、患者或服務者溝通、交際與連繫。當為重要資源，則語言與資訊有助實體展現功能，達成目標。缺乏適當與良好的語言與資訊，則實體的效能難有展現。

語言與訊息是連體嬰，語言常被解釋為人類傳達信息內容的工具。人類重要的語言，有符號、文字、圖案、音樂、語音、肢體動作及面部表情等。近來各種管理實體不僅注重人類的語言工具，更能善用電腦語言當為管理的工具，電腦語言包括文字、語言、音

樂、影像、圖案等，幾乎人體能發出的各種語言，電腦中也都具備，為人類管理工作與事務克盡非凡的功能。其快速傳遞訊息的功能，使人類的管理工作效能突飛猛進。

第六節　政治環境系統的意義與影響

一、意義

　　管理實體的政治環境是指會影響實體管理行為所存在的政治體制，政府穩定性、政治決策、政治活動、政治危機等的背景條件的總和。這些政治背景條件對於人民各方面的生活都有重大影響，對於各種管理對策及事務也都有很重大與深刻的影響。探討管理的環境系統時，不能不加以注意。

二、影響

（一）政治體制的影響

　　世界上政治體制的類型有許多種，但以獨裁專制和自由民主兩大體制最為典型。在兩種不同政治體制下，管理的精神與概念非常不同。略述兩種政治體制對管理的影響扼要分析說明如下。

　　1.獨裁政治體制下的管理性質

　　在獨裁政治體制的國家，政治權力由一人或少數人所獨攬與掌控。對國內各種組織、機構與團體極盡壓制之能事。各種組織、機構與團體的管理者常是由最高政治的統治者所任命，管理的精神與方法必須聽取最高政治領袖的命令與意見，也養成各級管理者對下屬也都採取獨裁式的管理方法，下層意見不能上達，只能唯命是從。獨裁式管理下的行為反應也都千篇一律，少有多元與變化。可

能很有效率，但其成效都只符合政治統治者的利益，廣大民眾的利益則常被剝奪。

2.民主政治體制的影響

另一種政治體制的類型是自由民主的體制。這種政治體制講究權力下放、個人自主，少用命令與壓制。管理講究人性化，給被管理的下屬有較多自主行為的空間。故下屬都較能發揮工作效能與效率。管理實體內的每一分子都可分享工作成果與好處。組織或機構中的社會關係較不緊張，較為和平融洽。

（二）政府穩定性的影響

政治環境的另一要義是政府的穩定性。有些國家政治極不穩定，隨時都有政變或更換政府的可能，其政策也會隨政府的更換而改變。國內各方面各層級的組織、機關與團體的行事與管理事務都會深受影響。多種組織及機關團體都可能隨著政府改變而調整經營目標與方法。

近來民主政治體制下，政府經選舉決定，選舉的結果常使政府變天，影響各級行政機關的人事大搬風，一般的企業組織也都調整與政府的關係。不少政商關係的複雜與黑暗面都於政權輪替時爆發出來。政府的更換影響大企業在經營上也面臨很大的衝突與危險，不得不調整管理的政策與經營方針。

（三）政治決策的影響

政府改變時政策也可能改變；政府不變民意改變時，也可能引發政策改變。對於個別組織、機關與團體，各種政策中有較相近者，也有較不相干者，較有密切關係的政策一旦制定或改變，對於組織、機構與團體的影響都很直接，也很重大，各組織、機關與團體等實體不能不加以應對與調適。

各種管理實體能與政府的政策相調和具有多種好處，第一，

可獲得政策的獎勵引導與保護；第二，不容易違反政策以致觸法或吃虧；第三，由政策可得知相關知識與資訊；第四，各種政策都有其好處與優點可供參考，但也有其壞處與缺點可供借鏡。

（四）政治活動的影響

國家之內或社會上常發生政治活動，重要者有選舉活動，政治運動、政治教育、政治參與、示威遊行等。各種活動對社會可能有正面促進改革與進步的意義，也會有妨害社會安寧的負面作用。組織、機關與團體等管理實體因為政治活動難免會受其影響與波及，管理者有必要注意這些活動的動向，設法使實體受到最少的負面衝擊，得到最多的正面獲益。以一些政治性的組織與團體而言，會直接參與各種政治活動，參與時都要仔細選擇立場與角色，才能較有好處，較不受傷。也有些政治組織與團體常在政治活動中刻意扮演犧牲受難的角色，藉以展現某種特殊的政治意義與使命。

（五）政治危機的影響

國家政治變遷的過程中有可能走向危機的情勢與面臨危險的局面。當政治面臨危機時，社會上常會出現很不尋常的動作與秩序，如抗議遊行與流血革命，每個國民百姓以及每項組織機關與團體都會受其影響與干擾，管理者都必要知所進退、拿捏與控制得當，才不致使管理的實體捲入危險的漩渦，受到傷害或摧毀。

第七節　教育環境系統的意義與影響

一、意義

教育環境是指社會上所存在與具備的教育條件，重要的事項包括人民的教育水準、教育設施與機會及教育種類等。

二、影響

　　各種教育環境或條件對於管理實體也都有直接或間接的影響，就上舉三種重要教育環境項目的影響扼要述說如下。

（一）教育水準的影響

　　一般人民的教育水準都指其所受正規教育的年數或階層而論，年數越多，階層越高表示其水準越高。但實際上也非全以正規教育年數及階層為衡量標準，有人正規教育年數不多，階層不高，但努力自修，其教育水準則甚高。反之，有人正規教育年數雖多，階層也高，卻很虛假不實，實際的知識與思想水準卻無法與其正規教育的水準相對稱。

　　人民教育水準高低對各項用人的組織、機關與團體都有密切的影響。人民教育水準普遍都高時，用人就較能順利，較有效率，否則用人困難，組織、機關與團體的功能也不佳，常需要再教育與訓練，費錢、費時與費力。過去臺灣經濟發展績效不差，主要功效得力於人民有良好的教育水準，足可彌補缺乏資源的劣勢，在世界經濟發展經驗中占有優勢的地位，但此種優勢因大環境情勢變差，人才流失，新生代也不如上一代在教育上努力的程度，故教育的優良條件已漸喪失。

（二）教育設施與機會的影響

　　社會上教育設施與機會普及時，人民隨時可接受教育，提升教育水準與品質，改進工作能力。否則教育設施與機會太差時，人民的教育水準與品質難以提升。各管理實體要自行辦理員工的教育訓練，常會事倍功半，徒勞無功。

（三）教育種類的影響

　　教育的進步不僅要算受教年數與階層，也應注意教育內容的

多元性質，因為社會上需求的人力資源也甚多元，必須要人力的教育種類十分周全，教育水準才算真正良好。我國自從發展國際貿易政策，深深感受到國民外語教育的重要性，即在學校教育體系中加強，校外的語言補習班也到處林立，對提升國民語言能力都大有幫助，也有助國家外貿事業的發展。各種企業機構不難招募到能說寫外語的人才。

大專學院學科多元化的教育設計與制度可訓練出各行各業的專才，配合社會上就業市場的需求，使教育與工作能有較良好的接軌，各工作機關、組織與團體用人也較方便。

第八節 法律環境系統的意義與影響

一、意義

法律環境的狹義定義是指國家經由立法程序制定供政府及人民普遍遵行的多種律法。全部法律條文規定都載入六法專書中，且時時修訂與補充。所謂六法包含憲法、民法、民事訴訟法及相關法、刑法、刑事訴訟法及相關法、行政法及行政訴訟及相關法。

廣義的法律環境除了六法規定的範圍之外，還包括人民守法的程度、法律專業者執法態度與行為，以及政府對法律的認識與執行情形。

二、影響

隨著社會生活的複雜化，法律的各種規定也越來越周延，條文越訂越多。各種條文對於管理的實體都有直接或間接關聯，一不小心就會觸犯與違背，受到處罰。也因此較有規模的組織、機關、

團體都設有法律事務的部門或專人，應對法律環境系統，消極地避免觸法犯法，積極地能努力從法律縫細中得到好處。

除了法律條文對實體的事務會有影響外，社會上人民守法的風氣，官員及法律專業者如法官與律師等，對於法律的認知與行為不同，對於管理實體的衝擊及影響也極為不同。當人民與官吏及法律專業人員等很守法時，則管理實體的管理者應對法律環境系統可較單純，只需熟知法律小心應對，就不易犯錯。但當人民官吏與法律專業人員都不守法，甚至玩弄法律時，管理人員就很難應對。有時為了實體的生存與發展，常要遊走法律邊緣，與其玩起法律遊戲。近來常見政府官吏操守不佳，官商勾結的問題相當嚴重，法官律師不能主持公平正義者也大有其人。使企業與其他社會組織及機關團體在應對法律系統的影響時，極其複雜多變，有明有暗，有正也有邪。

第九節　人口系統的意義與影響

一、意義

人口是指國家或社會眾多的人。人口系統的變數很多，包括數量、品質、生育、死亡、遷移、組合等。各項重要變數的性質對於個別管理組織、機關與團體也都會有直接或間接的影響與衝擊。

二、影響

（一）數量與品質的影響

人口常是各種組織機構及團體分子所需人力的主要潛在來源，也為其產品的重要潛在客戶或消費者。人口數量的多少及品質

的高低好壞，直接影響組織機關與團體獲得分子及人力的難易，及所獲分子與所需人力品質的高低。

（二）生育、死亡及遷移的影響

生育、死亡及遷移是人口動態的主要成份，三項成份決定了組織、機關與團體內部人力數量及品質，也會影響管理實體外圍的人口及人力數量與品質。

（三）組合的影響

人口的組合包括年齡、性別、教育程度及行職業組合等。組織、機關及團體內部人口的各種組合性質直接影響其功能及可能遭遇的人口及人力問題。

第十節　國際關係環境系統的意義與影響

一、意義

國際關係是指國與國之間的關係，全球的國際關係自成一個系統。國際間的關係涵蓋的面向當廣泛，包括政治、經濟、投資與貿易、學術文化、金融、旅遊、人權等。這種關係取決於國家對外政策，也影響人民生活的許多方面。

二、影響

國際關係對國與國之間許多事務都有關聯與影響。影響面正如前面所指的許多方面。近來國際關係趨向全球化，國與國的關係與往來更加自由開放、在政治門戶上少受限制、在經濟上較自由互通有無、貿易上更加頻繁、學術文化與語言上更多交流與溝通、人

民到外國旅遊也更加方便。他國人民在本國的權利都更受尊重與保護，幾乎接近所謂世界一家。因此許多企業都成立跨國公司，作全球性的布局，許多非營利性的社會福利機關或團體，也都將服務範圍擴大到國際性。國際間政府的關係更加密切，民間的國際性組織機關與團體日漸增多。管理的視野與角度必然也要放寬，不再侷限在地方性或國內的範圍。

在國際化的趨勢中，管理者對於他國的政策與事務也必要更加注意與了解，並作恰當的適應，才能不受或少受傷害，而能更順利發展。

第二篇
管理過程與功能

第三章　決策

第一節　決策的意義及在管理上的重要性

一、意義

決策是指從多種可能行動中選擇其中一種的過程。管理者通常是主要的決策者。而決策則是管理者的重要活動與角色之一。

決策會有理性與非理性，所謂理性的決策是指合乎邏輯，非情感用事，經過分析相關事實及可能的選擇之後，所作的完美選擇行動。理性決策是步步為營，深思熟慮，非常務實精準，不虛假，也不誇張，也因此決策之後，都能比較順利進行。

二、重要性

決策對於管理非常重要，可說是管理全程的起步，是整個管理過程的引導與依據，管理的成效就決定於決策的一瞬間。決策的重要性可由有無決策及決策的好壞等方面見之。

（一）有決策的好處

決策是行動之母，個人與團體有了決策，行動才有方向與目標，行動起來也才有依據，因而才能踏實有效率，也有效果。

（二）無決策的壞處

一個人或團體機構遇到事情與問題需要作選擇與決策。如果優柔寡斷，三心兩意未能果斷決策，必會壞事。個人六神無主不知所措，團體與機關也無明確的方向可作行動依據，領導者無法指揮

與下達命令或主意，手下部屬也無所適從，整個團體必然徒勞無功。

（三）好決策的功用

一個好的決策必能對問題有所警覺，必能明確指認問題所在，必有解決問題的方法，也必定對各種可用的方法能加以評估。所選擇的方法必是最好的方法，也能貫徹決策並收到良好效果與利益。

（四）錯誤或不良決策的壞處

有些決策者不夠明智，頭腦不夠清楚，做出的決策是錯誤的或不良的，必會遺害與之直接有關的人，乃至社會大眾，甚至也會嫁禍於己。不明智的政治領袖常會受到批評，認為其制定錯誤的政策比貪污還可怕，制定惡法比無法更可惡，錯誤與不良好的決策常會令人憤怒。

第二節　決策的程序

優良理性的決策必是步步為營，經過完美無缺的步驟依序進行，正確的決策過程通常會經過四個重要的行動步驟，將之依序列舉說明如下。

一、確認問題

決策都因問題而發生，目的在於必要解決問題。因此決策者進行決策的第一步驟就是要確認問題，包括了解問題的意義、潛在及牽連的環境因素及各種相關事項，進而確認問題的關鍵性質及病徵所在。

二、搜尋資料

　　重要的資料有兩種，一種是有助了解問題病徵的資料，包括造成問題的原因及問題與病徵的嚴重程度等。另一類資料是可以解決問題或治療病徵的方法，可用的方法可能有多種，經過越周全的蒐集，越有助作正確明智的選擇。

三、分析資料選擇對策

　　決策者於周全蒐集資料之後，必須仔細分析資料，了解問題的性質及原因，尋求可能解決問題的策略及方法，分析比較各種策略與方法的適用性，最後判斷最適當的策略並加採用。

　　決定策略與方法時，常要經過集思廣益，依據經驗與知識作為選擇策略的參考依據。決策者在集思廣益的過程，常要聽取其他決策者及專家的經驗與意見，也可能由彙集眾多的決策意見，再逐一比較淘汰後，選擇並保存最佳的意見。

　　所參考的他人經驗及知識包括今人及古人，若為今人可當面請益，若為古人則必須由參考其遺留的文獻而獲得有用的參考資料。

　　在分析評估各種策略與方案時，常要比較其利害與得失，而各種利害得失固有可計量的，也有不可用尺量或稱重的。也常要由正式的教育與經驗所獲得的知識作為依據。越是經過有系統的評估為依據，所預測的資料也會越正確與完整。

　　經過評估各種可能的策略與方案之後，就要作出最後的決策，也應該是最好的決定。但有多項替代性的決策同時出現與存在時，最好的決策並不容易做，常要採用多管齊下，使每樣策略能最適合特殊的情況。

四、策略的實施與追蹤評鑑

策略選定後就要實施。實施策略時要有指導手冊，包括提出具體目標、記載工作人員的職責、進度及經費預算等。實施之後要時時追蹤查核其成效。管理者追蹤查核時，一方面可繼續找出新問題及對應的決策，另方面也可評估自己的決策技術的好壞與成效。當追蹤評鑑後發現問題與錯誤時，應該快速解決與改正。

追蹤評估的方法包括較正式或非正式兩種，但都不能太簡略，否則常會喪失發現許多深層問題的機會，以致有些潛在的問題無法被發覺並解決。

第三節　團體決策的模式

團體決策常被應用在組織的決策，即是決策由多數人作了才算。這種決策模式有一項很重要的好處，即是可集思廣益，減少個人決策的缺陷與失敗。也正如俗語所說「三個臭皮匠，不輸給一個諸葛亮」。

與個人決策相對，團體決策可說是常見的一種決策模式。團體決策又包含了多種不甚相同的技術性模式，主要有五種，即一、擠腦汁（brainstorming）的技術模式，二、創新型（synectics）技術模式，三、德菲爾（Delphi）專家訪問模式，四、指名團體（noming grouping）模式，五、社會判斷分析（social judgment analysis）模式。就這五種團體決策的技術性模式的意義與性質扼要說明如下。

一、擠腦汁的技術模式

　　在最後決策下定之前，常見由許多人提出可能解決問題的方法與概念，提出的方法都被當成新創且有價值者。再從大家提出的方法與概念中精選後作決定。不少開明的最高決策者，在作下最後的決策之前，常會請部屬擠出腦汁提出建議，也有決策小組以經過聚會密商的方式作成團體決策者。

二、創新型技術模式

　　此法是強迫每個人不用傳統的思考方法，而使用角色扮演的方法，由扮演實際角色去了解問題及原因並作改進。此種方法常用為創新解決問題的方法。許多較有規模的企業常聘用一群科學家或優秀的管理者一起工作，共同設計新產品，並創造可開發產品的公司。

三、德菲爾專家訪問模式

　　此種技術模式是經由使用相同問卷獲得若干專家的意見，各專家並不需要一起見面討論。訪問專家的次數可能不只一次，常多至三次，下次都針對前次的回應整理後再問些更關鍵的問題，至最後一次問卷回收後，整理成最後的報告。

四、指名團體模式

　　此種方法與技術由幾個步驟構成。（一）先寫下被列名者對問題的個別意見，（二）群體領袖記下所有被指名者的意見，（三）由領導者領導討論所有列舉的意見，並加以合併釐清，增添討論時的新意見，（四）就列舉的意見中投票選出較佳意見，淘汰

較不重要的意見，（五）對投票結果加以討論，目的在釐清投票的選項，（六）最後再投票決定團體最後的決策。此法可比德菲爾模式較節省時間，決策成員也可面對面討論，唯一較難為的是領導者必須中立，並能控制討論。

五、社會判斷分析模式

此法經由對每項資訊的份量用加權方法，使各種片段的訊息形成有功能的關係，並用組織的原理整合問題的各種面向，由此程序得出的決策具有高度的整合性。

但是此法也容易不為人所同意，因為每人對不同訊息權重的看法不同，故與最後整合的決策可能不一致，對各種資料與最後決策的功能連結方法也不同。然而此種方法畢竟比個人判斷的平均水準都高。有訓練有水準的人可帶領較無訓練較乏水準的人提升決策的能力。

六、團體決策模式的優缺點

（一）優點

綜合各種團體決策的方法與模式，則團體決策具有以下數項優點或好處。

1.團體包括多數的個人，不同的人專長不同，各懷不同知識，故能提供的訊息較多元，也較豐富。

2.團體可比個人提供更多選擇策略或方法。

3.團體成員對團體決策多半都能信服，成為決策的同意者及追隨者。

4.團體決策可使人更了解決策的原因，因此實施起來會較順利。

（二）缺點

但此種決策模式也有些缺點。

1. 決策所花時間往往較多較長。

2. 決策成本相對較高。

3. 社會壓力會影響只由一人或少數人做決策。

4. 彼此間的互動障礙，如有衝突或心理偏私可能增加團體決策的困難或扭曲結果。

第四節　隨機決策的模式

一、意義

隨機決策英文稱為 contingency decision making。因為影響決策的因素會隨時隨地而異，因此必須隨機應變，要求隨機的決策模式。此種模式由決策者評估或診斷處境條件與力量的性質，決定作最適當的管理概念與方法。決策者配合訊息條件，選擇最適當的策略，使組織或所管理的事項能獲得最大利益。

二、情境力量

決策者在決策時常要考慮兩種力量，一種是組織內部的力量，另一種是組織外在環境力量。決策者必須覺察到兩種力量對決策成敗的影響。內部力量包括組織成員、部門結構、組織政策、組織目標、組織資源，及組織的人際關係等。而外在環境力量則如本書第二章所述的各種環境系統因素。內外力量對於管理決策的影響面包括管理行動、競爭者、顧客、社區價值、工會及供應者。管理者則要周旋於各種管理情境中。

三、隨機決策者應注意事項

隨機決策者必須要能認識了解實際處境條件及力量，選擇最適當決策方法，才能發揮最佳利益效果。決策者在決策及實施過程中，更必須隨時注意組織成員對決策的反應，隨時作適當調整，使決策更具彈性與實際，減少阻礙，增進成功的機率。

第五節　決策者的人身因素

決策由個人或團體所包含的許多人所作成，因此人的因素必會影響決策，重要的人身因素包括人格及人的價值觀，可分成若干不同方面說明，但首先都與決策者的認知有關。

一、認知（perception）要素

所謂認知是指個人對人生及世事的看法。人在決策時常基於其所看到的現況情勢，或對世事人生的看法而定。人對許多事物的看法常會有刻板印象（stereotype）或以偏概全（halo effect）的印象，前者是指對少數人與事的看法當為多數人與事也具有相同性質，後者是指將某一種性質當成全部性質。

刻板印象可能敗壞或損傷決策效率，但也可能有使決策簡化的效果；以偏概全的效果對決策同樣也有好處與壞處，好處是對群體中的個案不必太吹毛求疵，只看大概就能知其要點，壞處是會以偏概全。

二、正反面的感覺

人的心理感覺會有正反面不同情況，正面的感覺使人樂觀，

決策時也會較樂觀，對決策的事務較少在乎危險性及成本，也較願意投資。反之，持較反面的心理感覺時，對事務會較在乎高危險性及高成本，而較不願意投資。

三、理性的程度

　　不同的人在心理上的理性程度不同，有的人很客觀理性，有的人主觀理性，有的人卻全然不理性。完全客觀理性的心態難以企求，完全不理性者幾乎缺乏人性，兩者都不必多談。但主觀的理性則人人都有，對決策的影響也很大，多數的人都介於主觀及理性之間。主觀者會有偏見，私心、感情用事，也容易迷亂。理性者則較公平、較合邏輯，也較有一致性。多數人都在主觀理性下作決策，當時的心境是自認為合乎理性，也即是主觀理性的，也因此容易與他人的決策發生歧見與衝突，所做的決策也常與他人的決策不相同。

　　主觀理性的決策最能使決策者的心理上感到滿意，因為符合其想法與喜好。但主觀理性也常是有限理性，同為其決策所依據的訊息都是有限的，也即英文所稱的 bounded rationality。有限理性的決策因為認知受到限制，時間及成本受限，資訊不完整，且許多資訊是混亂競爭的，組織目標也很混亂。因為依據的訊息有限制，決策也有限制，但也合乎人的有限能力範圍，故也都很滿足。

第六節　決策的層次與類型的補充

　　決策的類型除了本章第三、第四節所分析說明的團體決策及隨機決策的類型外，還可從決策的層次及是否有計畫性而分類，本節即就此兩方面對決策的類型再作些補充與說明。

一、決策的層次

從決策的層級看，大致可分為低層、中層及高層三種層次，就此三種層次決策的性質再加說明如下。

（一）低層管理者的決策

低階主管的決策數量通常比高階主管的決策數量多，但重要性都較低。多半的決策都有規可隨，有例可循，也多半是有關每日例行的事務者。此類決策也可說都是較枝末的庶務性的決策。

（二）中階管理者的決策

中階層管理者的決策主要都是針對資源運用分派的決定。例如預算分配、人員的分派。大學中的院長即是學校組織的中層主管，其任務主要在分派院內預算在各系所間的使用。

（三）高階管理者的決策

高階主管的決策都是供為全組織所要遵循者，做錯了決策，成本都會較大。高層的決策比較概念性，涵蓋的面向卻比較廣闊。

二、決策類型的補充

本章第三節提及決策有兩種模式，即是個人決策及團體決策。團體決策模式又包含擠腦汁、創新型、德菲爾專家訪問模式、指名團體模式以及社會判斷分析模式等。此外在第四節介紹隨機決策模式，也都是決策的類型。在此再補充兩種決策的類型，一種是計畫型的決策（programed decision），另一種是非計畫型的決策（nonprogramed decision）。就這兩類決策的性質，說明如下。

（一）計畫型的決策

計畫型的決策是指決策者都按規則或政策而作決策，少有自由決策的空間。按照計畫方案，各部門之間的關係是被設定的，故為決策出現甲事件，必也一定會出現其密切相關的乙事件。此種決策類型是依照政策而設計，並決定各種執行的細節。

（二）非計畫型的決策

此種決策類型容許管理者或決策者可從多種替代性的策略中選擇一項。非計畫型的決策者被要求具備較高的洞察力。由於非計畫型決策有多種不同程度的差異性，因此決策較複雜，也較不確定，決策者更需要有高度的判斷力。

非計畫型決策對組織的影響遠大於計畫提出的決策，因此管理者的非計畫決策能力的重要性遠大於計畫型決策能力。能做好非計畫型決策者，通常也較具有創造力。許多組織找尋決策者也都較喜歡物色能做好非計畫型決策的人才。太強調要做好計畫型決策者，往往太浪費時間與成本。能做好非計畫型決策的人遠比能做好計畫型決策者重要。

第七節　決策的確定性及不確定性

管理者做決策時所依據的資訊會有確定（certainty）及不確定（uncertainty）的不同情況，前者使管理者做出的決策簡單、正確，後者做起決策來複雜，也較容易出錯。事實上管理者做決策時所依據的資訊很少能有百分之百確定的，多少都有不確定的訊息及因素存在，故其決策也都多少會有危險性。就決策所遭遇或面對的確定性與不確定性兩種情況再做較詳細說明如下。

一、確定性的決策

　　確定性的決策細項包括三方面的確定，即依據的資訊確定、決策的做法確定、決策的後果也可較確定預測，就此三方面的確定性分別說明如下。

（一）依據的資訊確定

　　確定性決策所依據的資訊都為已知，沒有模糊不清的情形，這種資訊常是由決策者自動用心蒐集得來，若由他人提供者也必經過查證無誤。資訊要能確定，必須有清楚的說明，使任何人看了都能容易理解。且提供的資訊都能反覆印證後令人可信，並無虛假。

（二）決策的做法確定

　　確定性決策的第二涵義是決策的做法確定，不能心猿意馬或虎頭蛇尾，必須果斷明確，也必須前後一致連貫。

　　做法確定的決策，於決策之後少有更改，且於決策之後即會按圖索驥，按步就班的執行。為能做出確定的決策，則在決策之前通常都會經過細心的思慮，不輕易下定，一經下定決策，就少有更改。

（三）決策的後果可確定預測

　　每一樣決策都會有必然的後果。但不是每種決策的後果都可預測。越確定越仔細的決策，可預測的後果也較確定，且越仔細。

二、不確定性的決策

　　不確定性決策的主要意思是指決策所依據的資訊不夠確定，在此情況下所做的決策乃具有風險性。對其後果無法確定，只能作猜測性的預估。猜測預估後果時大致上可做最樂觀的估計、最悲觀

的估計，以及取兩者中間當為妥協性的估計。最樂觀的決策將成果估得最高，最悲觀的決策則將成果定得最低，妥協性的決策將成果取其中間。

在不確定條件下做決策是很不得已的事，常因情勢較為緊急，資訊不夠周全的情況下，非作決策不可。也有因為某些不確定的條件是必然性，既使再給較多時間或作較多努力，也無濟充實或改善決策的資訊，這些決策早作晚作都必須冒險行事。

第八節　決策的參與

一、決策參與的意義

這是指開明的組織領袖或僱主會准許也鼓勵部屬或員工參與決策。僱主或領袖准許或鼓勵的程度從 0%到 100%不等，視其開明程度及實際情況而定。這種決策方式具有權力下放與分享的意義，將所有的組織分子或員工包容在組織的過程中。

二、好處

這是一種開放性的決策模式，使許多人包括組織分子甚至許多外人對組織的決策都有表達意見，提出建言的機會，做出的決策也最為所有組織分子所接受，對組織分子甚至對全社會有最大的利益。

組織分子參與的決策，其價值觀也注入其中，實施起來較少有爭論的意見，因將其想法考慮在內，實施起來也較能順手，少有問題與麻煩。

參與性決策對組織的好處也會最為廣闊，重要的利益包括組

織分子對工作的滿足感，對組織的認同，能獲組織分子的高支持度，勞動者與管理者的關係最為良好，工作及組織成就最高，組織利益最大等。因此許多組織都使用這種決策方法來改善管理者與部屬的關係，以及轉進員工的工作意願與動機，也藉以獲得更豐富的決策資料。

三、缺點

參與式的決策雖有不少好處，但也會有缺點，重要缺點如下所列。

（一）決策可能會太鬆散

因為參與的人多，決策意見較難集中並取得一致性，意見分散，決策也分散。掌握大權者因為無法對所有決策都面面顧全，以致不少決策會落空，無法實施，也無法顯示其利益，終究有失原來的旨意。

（二）高成本無效率也無成就

因為參與式所設定的決策可能繁雜分散，實施起來必高成本，也無效率或低效能。

（三）會有多種兩難的事件發生，重要者包括

1.參與的決策意見會是答案也是問題以致很難取捨。
2.包含多種行動，很難一致。
3.參與意見者的願望或野心與實際參與的行動內容有差距。
4.代表能使決策合法者與參與決策者不全然相同。
5.知識與權力行為間會有隔閡。
6.正式性與自由化之間的兩難。
7.有些決策思考會走出實際資訊的範圍外。

8.時間與堅持上會有爭論。

9.成效與無成效的兩難。

10.對成敗的看法會有正反不一的情形。

四、參與的型態

組織的管理者部屬參與決策的型態並不完全一致，從只由表達意見蒐集資訊到直接參與高層的實際決策之間，種類很多。Steinheidu, Bayeri 及 Wuestewald（2006）指出五種不同型態的參與性決策，即：1.主控決策，2.不同程度參與，3.參與設定結構，4.參與設定目標，5.參與過程合理化的決定等。也有區分正式與非正式參與兩種型態者。更有人將型態分成：建議型、參與工作決策型及參與更高層決策型等。

五、實施或執行參與決策領導者的類型

組織主管領導方式不同與組織分子參與決策的程度或型態也會有不同，依主管容許與接受參與性決策不同而分，可分成下列幾種型態。

1.民主型領導者

此種組織領導者容許組織分子參與決策的可能性最大，能參與的程度也最深，通常領導成效也會最高。這種領袖經常與部屬會談，溝通並鼓勵提出決策的構想，並儘量將其納入決策內容中。

2.專制型的領袖

此種領袖完全控制決策，不容許部屬介入。當組織需要作緊急決策時，此種領袖模式的決策也有必要。

3.一致性的參與決策

此種決策型態，領導者並不完全控制決策卻都能掌握一致性

的決策意見。

4.推代表或專案式的決策

此種決策型態是將組織中的部份決策交給專家或代表決定，常會有意想不到的高效率。

第四章　規劃

第一節　規劃的意義、性質、目的與重要性

一、意義

　　規劃（planning）也可稱為計畫，是提供未來需求狀態的設計，並由未來需求狀態提供達成目標的實施方法（providing design of desired future state and the means of brining about that future state to accomplish organization objectives）。由這一定義，規劃都有目標，也都有達成目標的方法，且規劃都是為未來將發生的事項先做的計謀。

二、性質

　　規劃的性質涵蓋的面向很多，在此僅指出兩項較為重要的性質加以說明。

（一）規劃必須要有能力預見未來行動的後果

　　規劃是為未來行動作預謀，要能預測未來，必要有行動及其效果。為使行動能獲良好效果也必須知所控制。

（二）規劃面對的未來情勢變化多端也很快速

　　各種組織等規劃主體所面對的未來環境可能會有快速複雜的變化，各種規劃面臨的挑戰性都很高，有效良好的規劃要從多方面作周全考慮，才不致因考慮欠周而失敗。

三、目的與重要性

（一）目的

　　規劃是對未來環境與機會的預謀，因而可較正確有效掌控組織的運作，也可使組織較有能力獲得好處與利益。如今較有規模、較有制度也較有潛力的組織、機關及團體必定要做好規劃為未來發展的重要工作。有規劃，按步就班，就能在適當的時間、適當的時機，做適當的行動，也才能得到良好的機會。

　　規劃越正式越細密，行動起來越有根據，要獲得好處也可能越有把握。許多較具規模的組織或機關，都有專門負責規劃工作的部門，通常稱為研究發展部門，英文稱為 R&D 部門，即是研究與發展（Research and Development）的簡稱。組織或機關的經理人根據研發部門研究發展的結果，做為規劃未來發展實務的重要依據。

（二）規劃的重要性

　　規劃對行動主體而言具有若干重要性，將之列舉並說明如下。

1.為組織、機關或團體設定目標

　　規劃的第一要務是設定目標，個人常有生涯規劃或工作規劃，分別為生涯或工作設定目標。組織、機關或團體規劃的首要目的也是在為規劃主體設定目標。企業組織的規劃、目標都在營利，行政機關的規劃目標都在能做好行政事務。社會福利機構，規劃的主要目標則在為能設定適當的福利性或服務性的工作目標，使福利機關能依規劃的目標而行事。

2.能將資源作最適當的調配

　　任何規劃單位在規劃方案中除要具體訂定目標之外，也都要將實現目標所需要的各項資源作適當的配合。重要的資源通常包括

人力、資金、設施與技術等。在規劃時若能將各項資源作適當的配合，實行起來就能順利並有效果與效率。

3.確定時間要素

規劃工作通常得將時間要素加以確定，包括確定全部計畫進行的時間，以及各階段或各細節進行的時間。對於時間的進程有詳細的規劃，則實行起來就能按時進行，可減少許多差錯。

4.可預估成果

規劃的內容也包含預估實施成果。管理者或其他組織成員可從規劃內容預估可能達到的成果。

上列數種規劃的好處，都由規劃的內容帶來。因有這些好處，才顯示出規劃的重要性。任何工作方案要能成功都必須要經過規劃，且規劃的內容越細密，成功的可能性會越大。這些規劃的重要性，也都是要做好規劃的目的。

第二節　規劃的類型

規劃的類型可依不同的分類指標而劃分。重要的分類指標之一，是規劃的正式程度，依此指標而分，可大致分成正式規劃及非正式規劃兩大類。另一指標是規劃方案在組織或機關團體結構中的層次，依此指標而分，則規劃的類型約可分成三類，即高層規劃（top-level planning）、中層規劃（middle-level planning）及低層規劃（low-level planning）。以下就兩種五類規劃的性質及長短處扼要說明如下。

一、依正式程度分

（一）正式規劃（formal planning）

所謂正式規劃是指有系統、完整性並有良好協調的規劃。此種規劃也都很正式，用白紙黑字寫成正式規劃書，並經檢討後認定。多半較具規範的大型組織與機關團體所設立的規劃都很正式性。做成的規劃還常分成長、短期，也有中期性的。

正式規劃比非正式規劃有較多好處。對資源的利用會較合理周密，也較經濟。產出與銷售也都較有成效與效率。若為企業組織可為公司或廠商賺進較多的利益，若為行政或是福利機構也可有較佳的功能與效果。

有正式規劃的組織或機關團體，管理者都必須按照規劃執行並管理。正式規劃下的管理者通常會有較細的分工，因此也會彙集較多的觀念為組織的好處共同努力，執行的效果較佳。

（二）非正式規劃（informal planning）

相反於正式規劃，非正式規劃都較少系統性，也缺乏協調，常只針對組織中的一部份作規劃，此種規劃常是短期性，也常未將所有重要因素考慮在內，規劃中對於組織各部門的業務設定或執行，都很容易衝突。

二、依層級分

規劃按照規劃者在組織中的位置及層級分，約可分成三級，即上級規劃（top-level planning）、中級規劃（middle-level planning）及低層規劃（low-level planning）。各階層管理者的任務不同，所規劃的要點也不同，但彼此間都必經溝通協調。通常高層必須規劃全組織整體的目標及方針，供為中低階層規劃依據

的基礎。為使上下管理業務能連繫暢通，各級管理者在規劃時也必須要有密切的協調。上層做規劃時必須要了解下級的實情。下級做規劃時也必須不違背上級的旨意。不同層級規劃各有重要特性，將之說明如下。

（一）高層的規劃特性

高層管理者的重要規劃事項是針對組織整體性的規劃，在其職位上對組織整體最了解，故也最適合作這種規劃。許多大型組織的決策機構是理事會或董事會，其中董事長、理事長、總裁、執行長、總經理等職位更是對整體組織作規劃的關鍵人物。許多由董事會或理事會設定的規劃，最後都由組織中關鍵決策人物拍板定案。

上層機構所做的決策常適合實行三至五年，也有每年都更改的情形。因為環境瞬息萬變，故上層決策中也得容許中低層級的管理者在不違背上層決策的原則下，參照實際環境變化，做較彈性較實際的細部規劃。

（二）中層的規劃特性

大致上大組織或機關團體各部門或分公司的主管都處在中級管理者的位置，其對支部門或分公司所做的規劃，對全組織機關而言是中層規劃。一個具有規模的廠商或公司的重要中級規劃有研發規劃、採購規劃、生產規劃、業務或銷售規劃、公關或服務規劃、財務或會計規劃及人事規劃等。以業務或銷售規劃而言，重要的事項包括廣告、顧用業務代表、提供銷售訓練、定價與減價。生產規劃則包括規格及產量等。通常中層經理人的規劃期間為一至三年，這些規劃供為下層做更短期執行計畫的基礎。

（三）下層的規劃特性

這種規劃者包括現場監督的工頭、生產線的負責人、現場業

務幹部等。其規劃都較短期，如一年，常與年度預算密切配合。這種規劃與組織或機關團體的實際作業都很密切結合，各單位的操作規劃與預算規劃都相密切配合，為單位未來短期的作業活動做具體的計畫。以公司或廠商最低層的外務規劃而言，則主要包括要僱用外務員的人數、何種性別或年齡、何時起用、如何訓練、給予多少工資及福利等的規劃。這一層級的規劃以不違背中層規劃並能與之密切配合為原則。

　　各組織或機關團體的規劃工作若都能分層負責，層層的規劃都很周密，且都能相互密切有連結，則運作起來就會較為順利，也會有較佳成效。

第三節　規劃的過程與障礙

一、過程

　　有系統的規劃必須按部就班，一個階段接一個階段，連續進行。重要的階段約可分成五個，將之依序列舉並說明重要內容如下。

（一）設定目標

　　任何組織及機關團體第一步規劃的內容是設定目標。這種規劃通常都由最高管理者或邀請專家來處理。組織的總裁或最高主管在規劃組織或機關團體的目標時，都取較長期的觀點，著重在組織或機關團體的成長與利益的目標及策略規劃。如果是要設立公司，則首先應選擇經營種類，並安排進行的步驟。重要策略性目標涉及四要項，（一）有關全組織投資者或股東的目標規劃，（二）有關組織幹部的策略性目標規劃，（三）有關員工的策略性目標規劃，

（四）有關附近社區服務目標的規劃。有良好目標規劃的組織或機關團體，其成長及獲利都較能成功。

（二）上層管理人發展策略規劃並與中層的經理相溝通

　　上層經理人於設定組織總目標以後，繼之要與中層經理人溝通說明目標的內容與意義，進而要規劃供中層管理人員遵行的策略，使中層管理人能較明白上層的旨意並能正確遵行。

（三）組織的規劃專家連繫中層經理人員進行中層規劃，目的在達成中層的策略任務

　　在此階段的規劃，中層經理人員可就其職位上的經驗反應問題，與上層的策略規劃專家共同納入第三階段的規劃內容中，使策略較能合乎實際，並較能有效達成目標。

（四）各部門主管及督導人員結合中層規劃發展操作性計畫

　　此階段的重要規劃內容包括將策略轉換成行動手冊，將經費資本分配給已核準規劃的各執行單位，此種資本分配當為基層公司或工廠履行策略的使用，各公司將資本經費分配給公司內的各小店。

（五）追蹤與控制規劃

　　各階層的管理者都要同時進行此種過程的規劃，無追蹤即不知實際做法是否與計畫策略相吻合。這種追蹤與控制約每個月都要進行檢討，查看進度及結果，用為與競爭相比較或對照，也可從中找出毛病與問題，及時改進。

　　由上列五大規劃程序，大致上可看出高層經理人的目標規劃需要進行在先，接著是中層的策略規劃，再接著是下層的工作規劃。但各階段的規劃都要相連結相呼應，此種規劃過程是組織規劃的大致順序，事實上組織中較用心的人時時都能規劃，也都必要規

劃，尤其對於臨時突發事故都必須要想好辦法對應，這是其日常職責與事務。幸運的經理人若能事先做好長遠的規劃，運作執行之後就很順利。於日常事務上只需再做小計畫，並無必要再大規模更動規劃。

二、障礙

規劃的過程即使很守原則與規矩，依照前述的步驟與程序進行，仍會發生問題，遭遇障礙，這些問題與障礙會影響與造成規劃失敗。重要的問題與障礙有下列幾項。

（一）高層管理者缺乏對規劃的投入與支持

高層管理者是整個組織規劃的靈魂人物，但有些組織高層的管理者並不十分用心與投入，有者較為粗心，或較不在意規劃的重要性。也有太依賴中下層的規劃，本身卻不夠認真。對本身該做的規劃未做好，對於中下層的規劃也未能給予有效的支援，終致組織的規劃變鬆疏、散漫，未能產生良好效果。

（二）重形式忽略實質

有些規劃在形式上中規中矩，卻不重實質，實際上執行起來不能很順利，也會影響組織的功能與成效。不重實質者，例如太僵硬不夠彈性，中下層工作人員很難遵行，勉強遵行了對組織整體及執行者都無好處，變成傷害。

（三）缺乏各操作單位的合作

有些執行單位的主管或分子不服上級的規劃，表面上不敢有異議或反對，暗中卻與之作梗，不予合作。也有中層的規劃者有自己的盤算，不願事事都聽上層的指示，不遵行其規劃，未能與之合作，都會使上層的規劃變質或失敗。

（四）規劃本身太僵硬使操作單位無法配合

有些上層做出不切實際不合情理的規劃，使下層的操作單位難以應對。錯不在下層，而是出在上層規劃內容有問題，終會使規劃窒礙難行。

（五）因對未來環境變化未能正確預測以致做出不正確的規劃

未來的事不可見，要能百分之百預測正確實有困難，不少組織對未來環境的預測有錯誤或有失準確，以致所做的規劃也有缺陷，訂定出的目標、執行的方法都有偏失。

（六）追蹤與監督工作不能持續

有些管理者對規劃各步驟或各細節執行的追蹤與監督會因其他事忙而未能持續有效，以致規劃的實施成效因追蹤與監督不周，未能及時糾正與改進，而未有良好成效。

（七）有些規劃進行太快太草率

這類規劃都因太勿忙，或因管理人員太過專斷自信，未經過較多的部屬參與意見，致使完成的規劃在許多地方格格不入，難以實行並發生效果。

第四節　目標規劃與策略規劃

在本章第三節論規劃過程時第一要項，也是最先的規劃事項是設定目標。對於組織或機關團體總目標的規劃責任常落在上層管理者身上，中下層管理者則較多規劃達成目標的策略、方法與技術。事實上上層管理者對於策略、方法與技術規劃，若能參與，中下層管理者對於目標規劃也能進言，且各層管理者對來自其他層管理者的規劃意見都能接受並作良好的協調與配合，對於規劃的成功

都有幫助。為能對目標規劃及策略規劃的細節詳情有更多了解與認識，本節再對此兩種規劃多作一些探討。

一、目標規劃

組織或機關團體目標規劃大約經過六個步驟或要點，才較可能形成有效的目標。這六個步驟或要點是（一）決定任務或使命，（二）評鑑環境條件，（三）檢驗經濟條件，（四）分析內部資源，（五）預測未來事件，（六）形成操作目標。就六個步驟或要點扼要述說如下。

（一）決定任務或使命

組織或機關團體的任務是其最基本也是最長遠的目標。任務提供組織或機關團體的指南及方向，也為組織或機關團體確定經營的企業項目。餐廳的使命在提供美食，學校的使命在提供優良的教育，教會的使命在勸導教友為善。

（二）評鑑環境條件

每種組織或機關團體都受多種環境條件所影響，評鑑環境條件時必須將其最迫切最重要的環境條件指出並認明其影響。影響企業組織的重要環境條件是人力、原料、資金、資源及技術條件。影響社會福利及服務機構的最重要環境條件是奉獻資金的來源及需求的對象。醫院的重要影響因素是醫護人員、技術及患者等。許多生產工廠最需考慮的因素是原料及水、電的供應。規劃者於認定重要的因素後，最需要評估的是獲得有利或避免有害的機會或限制。

（三）檢驗經濟條件

經濟條件往往是決定目標的重要因素。經濟景氣、蕭條、通貨膨脹、價格變動等經濟因素對於組織或機關團體目標的設定極為

重要。經濟不景氣時，消費者都較喜好低價位的商品與服務。這時
期有些福利機構，如就業輔導機構也應運而生。反之，當經濟景氣
時，較奢侈的服務事業，尤其是休閒娛樂業生存與發展的機會就較
大。

（四）分析內部資源

　　組織或機關團體的內部資源包括資金、技術、設備及專利
等。這些條件的好壞是影響或決定組織或機關團體目標的重要因
素。不僅影響及決定經營目標，也會影響其獲利的目標。

（五）預測未來事件

　　未來事件會影響組織設定實際的目標。對未來事件要能作好
預測，有賴對過去及現在情勢的分析與了解。有知識有經驗的人一
般都能對未來事件的預測做得較為準確。有效的預測方法視所要預
測的事務而定。通常有效的預測都較有系統，也較持續性。由於正
確的預測不易，常要仰賴專家作預測。政府機關、學術團體以及商
業結社等都是較能作準確預測的組織或機關團體。

（六）形成操作目標

　　組織或機關團體的使命決定之後，經過上述目標規劃的若干
步驟或要項，即可由執行者及規劃專家共同規劃成操作性目標。有
效的目標包含下列若干重要特性。

　　1.有效的目標必須要有較具體的數字依據，不能只含混其詞，
說成大概。

　　2.有效的目標必須能執行。

　　3.有效的目標必須與其他目標共存共榮，不相衝突。

　　4.有效的目標必須是少與其他目標相衝突，而且每一有效目標
的價值都可查對。

5.要達成有效目標可用目標管理學當為有系統的實施方法。

二、策略規劃

所謂策略是對使用或分配組織或機關團體的資源來完成其長期目標的規劃。焦點規劃事務在指明策略。如下舉出五種策略作為說明其規劃性質，這五種策略規劃是（一）全面性策略（corporate strategy），（二）商業水平策略（business-level strategy），（三）內部評鑑（internal appraisal）策略，（四）外部評鑑（external appraisal）策略，（五）其他評估（other assessments）策略。

（一）全面性策略

這種策略決定整個組織或機關團體方向，並達成其收益及其他主要目的。形成此種策略的焦點要包括與組織或機關團體的全部關係，或其關鍵性的外部分子。這種策略包括包辦性策略（portfolio approach）、成長策略（growth strategies）及分化策略（diversification strategies）等。包辦性策略的作事方法是一種複雜性的方法。像一個公司分別採取高低不同占有率及成長率處境的做事方法。不論是高成長率高占有率、高成長率低占有率、低成長率低占有率或低成長率高占有率的情況，生產都照做，只是投資量不同而已。公司在不同處境下生產策略有所不同。

全面性策略注重成長率及占有率，因這兩個指標是衡量生意成功程度的重要指標。

（二）商業水平策略

這是指細分生意使其成為生意群的一種行動計畫，也即是指一個生意體在其市場或生產領域上構成一組生產結構的策略。一個

大型分化性的企業常會發展出策略性的生意單元（strategic business units, SBUs）。美國 3M 公司共有 48,000 多件產品，共歸納成 39 個部門中的 150 生產類別。這種歸納商品單位的策略對大公司非常重要，可避免因產品複雜而致成管理上的混亂。

（三）內部評鑑

這是指對組織內部長短處作分析的策略。組織自我分析與評鑑才不會盲目，只取長處，忽略短處，而能發展長處，修改短處，不斷增強能力。

內部評鑑的重要項目包括資金、市場競爭情勢、資產、獲得能源及原料的能力、人力資源、研發計畫、技術水準、產品的市場分析、生產體系及管理體系等。分析評鑑的重點在資源是否適當或有無達成組織目標。

內部的評鑑人員常由組織高層從各部門中選取，組成評鑑委員會，檢討並指出所看到的各項長短處，供為組織發揚、修正與改進的依據。

（四）外部評鑑

此種策略是評鑑組織的外在環境條件對組織運作的影響。此種評鑑與內部評鑑同時進行。包括認明市場、分析競爭者、評估技術、財務需求、市場要求及其他重要環境因素。

認明市場主要從兩方面，一是從歷史上了解消費的理由，另一是從目前及未來了解未來潛在顧客。競爭者的分析包括其長處及短處，做為應對的依據，技術評估必須要了解組織所使用的主要技術及其對組織成敗的影響。

（五）其他評估

組織需要評估的其他項目還有財務需求、行銷需求等，這些

因素對管理與經營成敗都至為重要。評估財務需求需視投資需要、新產品的發展、現有財產、技術變遷等情況。評估行銷需求則要評估廣告型態及數量、銷售量及銷售管道等。

第五節　規劃的技術與工具

管理者若能獲得規劃技術與工具的幫助，規劃將可更為成功。若干有助管理者規劃的技術與工具有如下幾項，將之列舉並說明之。

一、電腦及其軟體

近來使用電腦技術與工具幫助管理的決策、規劃，評估與控制者很多，會使用者可節省許多人力及時間，又能增加效率及精準度。不僅可用為質化的規劃工具或補助技術，也可當為量化的規劃工具及補助技術。

二、計畫評估及檢討技術（program evaluation and review technique，簡稱 PERT）

此種方法是以計畫評估與檢討技術發展網絡方式去追蹤達成工作目標的程序及所耗費的時間及成本。此法於 1950 年代開始發展。管理者從工作進度描繪圖（簡稱 PERT 圖），可清楚看出責任者工作過程的程序，從 PERT 圖中可看出完成目標的情況，以及進度是否落後或成本是否太高。此 PERT 圖的繪法共有四個基本步驟。1.列舉計畫的所有目標，2.決定目標達成的先後順序，3.估計達成每個目標的期望時間，4.查出工作評估圖。簡要的 PERT

圖形如下所示。

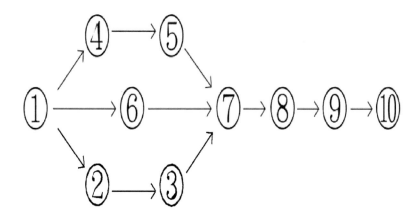

圖 4-1　工作進度評估圖

　　由 PERT 圖可看出完成任務或達成總目標的所有行動項目與過程，也可看出每階段所花費時間，藉以評估每階段及全程的時間及費用成本。

三、預測技術

　　預測是根據對未來事故的判斷，判斷時需考慮環境因素的變化。預測常依據經由三種方法得來的資料，第一種是調查法，主要由問卷得調查資料。第二種是趨勢估測法，即以過去經驗趨勢預測未來情況的方法。第三種是經濟模型預測法，也即使用統計方法分析資料，進而預測未來的方法。經濟模型中也包括模擬法（simulation），即以一個抽象模型代表真實的性質之意。

第五章　組織

第一節　組織的管理意義

一、管理工作的首要事務是組織

　　許多管理工作的首要事務是將人與事安排與結合成正式關係的架構，也即是組織，使能有效按照管理的計畫達成目標。管理者的組織能力是其重要資產，所有管理者都必要了解組織的概念與知識，並能妥善應用，發揮良好的管理效果。

二、管理者的組織工作或任務

　　參照組織的定義，管理者的重要組織工作或任務約有下列諸項。

（一）將人與事結合並安排成一個有特定關係的架構

　　組織工作將人與事安排成有秩序有固定關係的架構，此一架構有一定的連結、一定的形狀、一定的關係、一定的運作方式。

（二）在組織架構中人與人之間必要有良好關係並且能分工合作

　　任何組織都包含多數的人，人與人之間必要有良好關係並能分工合作，大家共同為組織的總目標而努力，組織才有意義與功能。

（三）管理過程依靠並運用組織可節省許多人力並能盡較佳功能

　　管理工作可經由組織發揮直接與間接的管理功能，也即由組織中的各級幹部替代最高管理者做好管理業務，相當於協助最高管

理者善盡管理的職責，並盡好管理功能。

（四）組織可使機關團體盡到比個別分子盡到的功能總含量更多的功能

組織結合許多人與事，人與人的結合往往可發揮超越個人的力量，盡許多個人無法克盡的功能，因此組織的全部功能常比組織分子個別功能的總含量還多。

（五）組織的合作力量可抗拒與抵擋外力的重大衝擊使組織及其中的個人都能較安然度過難關

組織結合個人或強壯的團體力量，不容易被外力擊破，因此常能產生許多額外的功能與力量，組織分子得到自己無法獲得的利益與好處。

（六）組織可引發個別分子的才能，創造出超越性的力量

此種力量可使管理的機關團體及其中的個人獲得可觀利益與好處。

第二節　組織的性質

組織的性質可從許多方面加以了解，最先必要從動態及靜態兩大方面看。就動態方面看，可分成個體層次的組織（micro level organizing）及總體層次的組織（macro level organizing）。從靜態的方面看，則規模（size）及結構（structure）是分析與了解組織性質的兩項最重要的面向或指標。這幾項組織的性質對其功能關係重大，都是管理者所應注意並應善作處理的目標。本節就這些重要性質再作扼要的分析與說明。

一、個體層次與總體層次的動態組織性質

（一）個體層次的組織

所謂個體層次的組織是指對組織中的個人作適當的工作或業務安排，使其能適才適任，為組織團體善盡力量發揮功能。

組織中不同的個人才能不同，個性不同，因此其適合的職位及工作性質也不同。管理者在安排部屬的職位時必須注意使其適才適用，適性適任，部屬或手下工作起來才能勝任愉快，對組織團體的功效也才能發揮到最大，對其個人、團體及管理者等各方面都有好處。

（二）總體層次的組織

總體層次的動態組織是指管理者還應能將整個組織團體的所有人與所有事作最適當的組合，使所有人都能適合其位置與工作，使彼此有良好的連結與整合，使整個團體的功能發揮到最高點。

為使組織整體的人與事的安排能最適當，管理者必須知人善用，將最適當的人置放在最適當的工作崗位上。且要使每個工作崗位都能互相密切連結，充分合作與支援，不相衝突或相抵制。

二、規模的性質

組織的規模指其設施大小、投入量多少或產出數量的大小之意。設施大、投入多、產出也多的組織，規模都較大。反之設施少、投入少、產出少的組織，規模都較小。

組織規模大小與其結構與功能性質常有密切的關係，規模小者，結構通常也較單純，功能也常較有限，反之規模較大的組織，結構常較複雜，功能也較可觀。

管理者設計與管理組織時，常要注意使組織規模能達到最適

當的程度。最適當的規模是指組織投入的設施、人力、原料的多少都能恰到好處，不使太多，也不致太少，產出也不會太多或太少，太多則會造成浪費，太少則會使功能不足。唯有使其規模最適當，組織的管理效能與整體功能才能達到最佳狀態，可為組織獲最大的利益。

三、組織結構性質

組織的結構性質是指其結合構造的性質，常以複雜度為其衡量指標，有些組織的結構複雜，有些結構較為單純。組織結構的複雜度常以垂直層次及水平部門的多少加以界定。複雜度高的組織結構，垂直的層次較多，水平的部門也較多。相反的，較單純的組織結構，垂直層次相對較少，水平的部門也都較少。

組織結構複雜程度常與其規模有關，兩者的關係常成正比，但也不完全正相關，也有規模大的組織，結構並不複雜，且有規模雖小，但結構很複雜者。

組織結構的複雜度常會受管理者的決定影響，也會影響管理工作，終究會影響組織的功能。通常複雜度是管理者經過衡量各種因素後的決定，組織複雜度的大小高低必會影響到管理的困難度，也會影響到組織最後的產出功能。

四、對其他組織性質的辨識

組織的性質包含的層面廣泛，除了可能從上面所指三方面的性質看出差異之外，還可從許多方面辨識織的性質。例如可從其種類、功能、歷史、技術等許多不同方面看出其性質的差異。

第三節　組織的設計

　　管理者常要面臨新設立組織或要更改組織，於是必要講究應對組織的設計。設計組織需要考慮的面向很多，本節列舉數點重要者並作說明。

一、確定組織規模與結構

　　組織在未設立之前，設立條件海闊天空，可以任意設立。但考慮實際環境條件常需要設限。重要考慮的環境與條件因素包括，各種外在的自然、社會、經濟、政治、法律、文化、國際關係等環境條件，再參照本身內部的資金、技術、人力及策略等條件，而後決定要設立的規模，並考慮組織結構的設定。

（一）設定組織規模

　　規模的設定主要考慮投入各項要素的數量，及產出數量的大小，必要參照預計發展的目標及眼前的實力，即要有未來發展的前瞻性，但也要顧及當前務實性。既有發展性又能有實力加以管理與控制，便有成功的希望，不致於失敗。

（二）確定組織的結構

　　依據考慮設定規模的各項因素，加上組織規模要素，設立組織時也要考慮結構的性質。確定組織結構的必要考慮兩項主軸，一是分門別類，二是建構層次。前者為水平結構，後者為垂直結構，合併兩者成為組織的整體結構，通常規模越大，結構越複雜。組織結構複雜度的確定，常是為了配合管理的方便與適應性，使組織能發揮最佳的功能。

1.分門別類

組織在同一水平上的不同部門，性質上常會有區隔與差異，分門別類之後各種部門的性質較一致，可有獨立的決策權。但各部門的決策權通常只能部份獨立，另一部份則掌握在上層管理者的手中。分門別類還有其他意義，可以減少風險及增加創造力。影響一個組織門類多少的主要因素包括其規模與專門性，規模大才有分門的基礎。專門性越多樣，分類的必要性也越高。專門性的數量則常與技術差異有關，技術差異越大表示專門性的種類也越多，分類也較多，管理的知識與方法也常要有所不同。組織類別依據的指標常包含功能、生產地點及顧客等。

2.設定層級

組織的層級表示其垂直性的深度，層級越多表示深度也越高。不同層級表示其工作性質不同，技術性質與管理性質也都可能不同。組織層級的多少與總規模、技術性質、空間分布、管理者能掌控個別數量與範圍等都有關。

3.結合部門及層級形成組織結構

一個組織的結構是由結合各部門及各層級而形成。部門及層級較多的組織，結構也較複雜。相反的部門及層級較少的組織結構較簡單。

包含許多部門及層級的組織依靠協調（coordinate）整合成一體，不致各自為政，或層層隔閡。經協調使各部門互有關係，相互支援。部門及層級越多，結構越複雜的組織，協調越有必要，但也越加困難，管理者越需要費心協調，使組織能整合，並發揮功能。

二、權力行使的設計

（一）權威的基礎

　　組織的結構形成組織的外形，組織的實際運作則要依據權威行使的力量。因此組織的設計必要考慮組織內部權威的運作。組織中的不同個體會有不同的權威，主要得自其位置，但也要下層能夠或願意接受，權威才有效。

（二）權威可由代表者行使

　　在管理的實際過程中管理者的權威並不需要完全由自己行使，可由代表人代為行政，如上級管理者可令下層管理者代為行使權威，並代為管理。除非少數非常特殊的例外，非由上層管理者親自管理不可外，多數的管理工作都可層層下達代替，由下層主管代理上層主管管理許多事務。被指派為代表的人獲有權力代為管理，但也要負管理的責任。受代理者的權責通常要維持對等原則。

（三）依業務性質設立合適幕僚或工作人員

　　各種組織如工廠或商業機關的業務有許多種，組織的設計者有必要按照業務性質設置不同的部門或路線，且在各部門或各路線上設置適當才能與數量的幕僚或工作人員，協助行使事務，使整個組織的活動正常進行。結構越龐大越複雜，業務越多也越複雜的組織，需要設立的部門或路線及幕僚員工也應越多。

　　幕僚或工作人員中可分成專業性及一般庶務性的。其中專業性的幕僚給其較多的自由創造，一般庶務性的員工則較多聽命行事。

　　現代的組織常會發生專業幕僚與主管衝突的現象。幕僚原是要輔佐主管，但因其具有專業才能，常為主管所不解，以致所建議的主張難為主管所接受，遇此衝突或矛盾，有必要由更高層的管理

者協調化解。

三、控制幅度（span of control）的設計

所謂控制幅度是指每個管理者可有效直接控制或管理的單位數或人員數，可控制與管理的單位或人員越多，表示控制的幅度越大。

控制幅度的大小關係管理效能甚鉅，因此需要妥善設計，避免有誤。影響控制幅度大小的因素主要有三，第一為管理者的控制能力，能力大者可控制的面向可以越廣，幅度也可越大。第二是管理事務的性質，越單純的事務，管理者可控制的幅度也可越大。第三是組織中管理者與部屬的工作人員的比例。管理人員相對較少的組織，每位管理者必要控制的幅度越大。但當大到控制失能或失效時，就很有必要增加管理者的數量，否則就得增進每個管理者的控制能力，或縮小每人的控制幅度。

第四節　組織目標的設定與管理

一、組織目標的意義

組織過程與管理工作必須有設立組織目標的過程，因為目標是組織需要達成結果的希望。可供為組織的目標有多種，組織必要對之加以選擇。將多種組織目標的類型與性質列舉並比較說明如下。

二、選擇單一或多元性的目標

較單純的組織所選定的目標都較單純，可能只有一項，因而

目標單一，達成目標的技術也較單純。但有些組織選擇多項目標，因此用為達成目標的技術與方法也較多元，且也需要較複雜的組織架構加以操作與運用，才能較有效達成目標。

三、分設長遠終極目標及短程操作目標

組織目標也可分長遠終極目標及短程操作目標兩種型態。前者是較目的性的，後者則較為手段性的。長期終極目標常是短期手段性或工具性目標的依據，而短期操作性目標則常是為達成長遠終極性目標而設立的工具。

四、組織目標可分外顯性及隱含性

外顯性目標常是組織對外宣示的目標，隱含性目標則常是不見光、不對外宣示的，因此通常也都是隱藏不露。目標設定成隱含性可能是因為較能方便協助達成外顯性目標，也可能是不合規範，卻對長遠的終極目標發展有幫助。

五、建立目標的階層性

較複雜的組織包括許多目標，為使各目標之間能有秩序存在，並互有密切關聯，需要將之建立成階層性。通常較上層者都較難以實現，必要先達成基層組織的目標，而後上層目標才能達成。

六、設定近、中、遠程目標

組織的目標也常有近、中、遠程之分。近程目標須先達成，也較容易達成，接著進而達成中程目標，最後才能達成遠程目標。達成近程目標需時較短，達成遠程目標需時較長，達成中程目標需

要耗費的時間則在兩者之間。

七、達成個體目標及整體目標

組織中包括許多個體,合併所有的個體成為整體。多數的整體目標都建立在個體目標的基礎上,為達成整體目標常要先達成所有的個體目標。少有跳越完成個體目標,卻能完成整體目標的情形。

八、設定組織目標的過程

組織的目標不論是單一或多元的、終極或短程的、外顯或隱藏的、上層或下層的、近程或遠程的,都會經過一定的過程。重要的過程有幾個,首先是確定使命(mission),接者分析環境條件,特別是較立即性的環境,進而檢驗經濟條件,分析內部資源,預測未來的事件或情境,而後設立具體的目標。目標越具體,實行起來也才能越具體。為使目標能有效達成,實行過程都要能認真切實。

第五節　組織的運用與成效

一、幾乎任何管理活動都在運用組織

管理遍布社會各處,且幾乎任何管理活動都在運用組織原理,即使對自己人身的管理也常要涉及他人,因此關係並運用到組織。管理者的各種管理工作如決策、規劃、執行、領導、指揮、監督、控制、獎懲、溝通等幾乎都在組織中進行,也都在組織中運作並完成,可說都在運用組織。因此組織常與管理同時並論,稱為組

織管理（organization management），捨組織以外的管理，只剩下對本身的反省與自我約束。

　　由於「組織的運用」幾乎與所有的管理活動重疊，本節不擬對各種管理動作的意義與過程多作論述，而將論述的要點著重對運用組織的成果與效率作扼要說明。

二、運用組織獲得管理成果

　　管理的重要目的在能獲得成效，而成效可分成果（effectiveness）及效率（efficiency）。成果是指經組織運作管理一段時間之後，達成組織的目標之意。所經歷的時間可長可短，而達成的目標，也可大可小。所花費的成本也可能很多或很少，只要達成原預定的目標或使命，都稱為成果。

　　多半的組織經由組織的運作與管理的過程，都可能達成目標，獲得成果。但也不無中途而毀，未能達成目標的情形，原因會有不少，也許因為途中發現任務太艱鉅，需要花費的成本太大，組織無法繼續支應；或因途中情勢改變，再也不必堅持要達成目標；或因管理者易人、政策改變、組織崩潰等因素，都可能影響無法達成原定的目標，也即先前的實施行動都得不到成果。

三、可獲得成果的效率不一

　　經由組織及管理通常都可獲得成果，但效率可能不一，有時效率很好，有時則很差。效率是指成效與成本的比例，高成效與低成本表示效率佳，低成效高成本表示效率低。效率是對短時間內成效與成本的衡量或計算，與經過長期來看成效的情形不同。

四、組織運用與管理功能好壞影響成果與效率

組織成果與效率的好壞深受組織運用與管理功能的影響，組織與管理過程經由調整結構、彈性經營、更改規劃、增加生產、協調運銷、增進電腦的應用等都有助改善組織的成果與效率。

第六節　組織的發展

一、發展為組織的重要目標之一

組織發展，包括擴大規模、改善結構、提升技術、增進效能、改善效率、增加收益等，都是組織的重要方法或目標，為組織管理者所重視，並當為努力的方向與依據。管理者不能坐等組織停頓不前，或任其凋零，更不宜刻意使其停止終結，必要時時計畫，使組織能適應環境變遷，長期發展，永續經營。

二、組織發展的假設或前提

組織的發展有異於個人或其他的發展，其假設前提也與其他發展的假設前提不同。重要的特殊假設與前提如下所列。

（一）發展計畫以團體及個人並重，因為組織是由個人及小團體建構起來的，兩者對組織都有影響力，且都關係到組織發展的成敗。

（二）組織的發展目標應注重減少組織內個人與個人之間、個人與團體之間以及團體與團體之間的衝突，提升三種關係的合作。

（三）發展決策最好要有充分的環境變遷訊息為依據。

（四）組織中的個人及小團體在管理其細部事務時，要能扣

緊組織的目標，而不是處處控制組織或與組織作對。

（五）准許組織中的個人及團體參與組織的計畫，個人及團體才會為組織效忠，樂意協助組織發展。

三、組織發展的過程

大致言之，組織的發展過程是經由六個階段，並不斷循環。這六個階段如下所列。

（一）蒐集有關組織條件的事實資料，通常由使用問卷訪問員工獲致。主要內容包括個人對組織的認識、工作環境、對輔導者的觀感、人際關係及其他重要過程。

（二）找出病症及對組織主要人物的反應，使主要人物對問題與病症有所知覺。

（三）決定組織發展目標。

（四）找出可解決問題或促進發展的技術。

（五）適當實施組織發展。

（六）使組織動態達到均衡境界，接著重新評估組織的條件，當為再發展的基本事實資料。以上的過程不斷循環，可促進組織永續發展。

四、組織發展的管理策略及促進技術

組織發展的策略及技術同是促進組織發展的方法，只是一般所謂策略是較大處著眼，技術是較小處著手，兩者也幾乎可相互為用。有助組織發展的策略及技術為數不少，本小節僅指出兩大策略及若干技術，供讀者參考。

（一）動態平衡的策略

　　發展過程是一種動態過程，但都以能達成一種平衡穩定為短暫的最佳發展狀態，且當為終止點，而後再找出需要改變與發展的病症，加以改進並發展。也唯有在短暫穩定狀態下，才有能力重新評估新變遷與再發展的需要及資源，使組織再繼續變遷與發展。

　　在組織發展過程中，經常會存在促進變遷發展及抗拒變遷發展的兩種力量，當促進的力量較大時，組織先變動才發展，達到某一狀態時，抗拒改變力量大於促進改進力量，組織乃暫停改變，穩定靜止。隨後又會產生問題，組織發生改變並再向前發展。這種不斷演變的過程也即為動態平衡的過程或策略，常為組織管理者在推動組織發展時所運用。

（二）化解衝突的策略

　　組織內部成員及團體多元複雜，興趣與目標也多元分歧，不同的興趣與目標主張常會產生衝突。衝突不化解，不僅組織無法發展，甚至會因相拉扯而分崩離析，組織無法使出功能，也無發展能力。因此組織要發展，都必要化解內部的衝突，此種策略則必要使用數種重要技術。

　　1.從衝突團體選擇代表組成化解衝突的新團隊。

　　2.由輪流變化職位增進互相了解，化解衝突。

　　3.強調共同分擔達成目標的責任，藉以增進團體間或個人之間的互助合作。

　　4.改變結構，增進團體或個人之間的互動與溝通管道。

　　5.引導衝突成為良性競爭，助長發展的力量。

　　化解衝突不一定要完全消滅衝突，若能減低其破壞性，使組織增加互信互讓，多為整體的發展盡貢獻，化消極的阻礙與破壞為積極的合作，是最佳的化解策略。

（三）促進發展的技術

1.檢討（examination）可找出問題與病症，當為改進與發展的目標。

2.由檢討可發現適用為改進病症的技術。

3.改變組織結構，包括權力結構、連繫的結構、獎罰體系或結構等。

4.改變技術，包括設備、流程、自動化、機器人生產技術等。

5.改善人際關係，包括敏感度的訓練，組成合適小團隊以及學習成果的檢驗。

6.目標管理技術（management by objectives，簡稱MBO）是對組織目標的管理，要點包括下列五項重要步驟：（1）使團體介入工作目標，（2）使管理的助手也參與工作，（3）設定成長目標，擴大成果，（4）決定對目標成效的衡量，（5）對工作目標加以檢討、評估及再管理，必要時改變目標。

7.改善員工的工作成效，包括增加工作量及加強責任。

8.過程諮詢，幫助組織內部團體改善認知，了解行動的過程。

9.增加員工的工作滿意度及工作能力，此為日本式的管理方法。

10.假設人性有善惡兩種本質，分別採用正面的鼓勵或反面的制裁方法。

11.品質管制，經由討論分析及提出改善方法而達成。

第六章　執行

第一節　執行的管理意義與必要性

一、意義

所謂執行也稱為實施或實行，英文常用 execution、implementation 或 practice。管理者執行或實施的主要目標與依據，是政策或計畫。組織的計畫設定後必要執行或實施，才能產生效果，表現成績。管理者在執行正式的計畫時，常要使用方法，展現實力，包括啟用新設備、招募新人員、啟動機械開始生產等，都是重要的執行或實施行動。有時為了執行計畫還要新設定執行計畫。一個計畫從開始執行到完成，需要耗用一些時間，有時執行即刻就會產生效果，有時則要經過長時間才能看出成效。

二、必要性

（一）實現計畫

任何計畫或方案都必須經由執行過程，才能見效與實現。缺乏執行或實施則計畫就停留在陳列或裝飾的階段，缺乏實質的意義。執行計畫，使計畫呈現出實質的意義、功用或貢獻，也可使計畫展現用途，並發揮功能。

（二）展現計畫的重要性

任何組織必有計畫，有計畫也必要執行或實施。組織的執行

活動常發生在計畫之後，為計畫延續行動。必須能善於執行計畫，計畫才能展現意義，才能實現目標。

（三）無計畫下照習慣執行也能盡功能

有些組織所執行或實施的行動並無依照特別的計畫，這種實施行動多半是按照習慣，按照往例持續行動。其執行的依據其實是舊計畫。在這種情況下執行比計畫對組織而言更形重要，表示在無新計畫下，照樣可開啟有意義的實施，執行也照樣能為組織盡功能。但要使組織有較好的成效，則計畫與執行都很重要，通常兩者也都配合行動。計畫後必須執行，組織才能有較好的成績表現。

（四）執行占用組織過程的大部份活動及時間

執行或實施對組織的重要性還可從其占用組織過程的大部份活動及所花費的時間見之。組織的計畫可於短時間做成，但執行常要投入很多的資源及很長的時間。越良好越完善的計畫，實施的時間常會較長久，可不斷依據計畫長久實施。

（五）執行展現管理者的所有權力

各種管理者執行計畫時都必要運用所有的權力。因為執行常要關係到他人，必須運用職位所賦予的全部權力，才能有效指揮、命令或勸導他人配合行動，執行才能有所進展。

（六）執行是組織管理不可缺的職位與行動

管理包括許多的行動，其中執行最不可缺乏，更不能隨便與馬虎，否則組織管理會無有所成，得不到好結果。因此每一組織都必須有一位內設的最高執行長或執行官，也有稱為總幹事、秘書長或總經理，實際負責實行組織的政策與計畫，必須出現在組織的檯面上或陣線前，可代替幕後的老闆、董事長或理事長發號施令。最高實行者之下，還設有經理、處長、股長等執行幹部，負責實施更

細部的計畫。

第二節　良好執行力的重要條件

　　執行是實現策略或計畫，有良好的策略或計畫，管理者按部就班行動就能展現良好的執行結果。一般成功的執行要求下列幾項重要條件。

一、使組織中的每個角色或每一分子有明確的行動目標

　　組織的執行過程通常都動員所有的成員或分子一起行動，故管理者必須使所有的組織成員或分子能明確自己的目標或任務，才能有正確且適當的行動表現，組織才能展現良好的執行力，如果組織分子不確知自己的目標或任務，就無從執行或行動，執行就無效果與效率可言。

二、要有衡量往目標按規則進行的方法

　　按規則進行也是標準化的進行。為使執行有良好成效，必須要有適當的方法對進行的效率能確實加以衡量，則執行者或工作者的工作成績與效能才能明確被認定，優良者可經鼓勵或獎賞使其能繼續運作，不良或拙劣的執行則能及時被識破，並立刻加以阻止與改進，導正改善執行的能力與效果。

三、對基本要務的進度要有很清楚的職責

　　執行計畫的主要任務在將基本要務如期依序進行。要期望有良好的執行效果，必須將執行要務的順序與時間有很清楚的劃分，

並有明確的責任歸屬。使負責的人能很清楚了解自己的責任,依序按時加以完成。

四、有系統的方法告知執行工作的事實及必要的行動

管理者期望組織要有良好的執行效果,就必須使用有系統的方法揭發執行工作的各項事實及必要的行動,要求所有組織成員都能了解並面對這些有關的事實為必要行動的性質,且能善作處理。可從參加組織的各種會議而了解這些事實及行動的性質。

五、負責報告工作事實及行動過程者必須能扼要清楚的敘述

為使所有執行者能了解相關事務的事實及行動計畫,報告必須能扼要說明,不宜長篇大論,以能用最簡要的說明使組織內的各分子可很快聽明白為要務或原則。

六、組織管理者要能掌握執行的進度與狀況

管理者是執行績效好壞的最關鍵人物,必須能隨時掌握執行的進度狀況,並能適當反應與調整執行工作的方向或策略,使全組織成員都在短期內能適當應對執行工作。

第三節　有效執行方法與技巧

在管理上執行的目標不外是政策或計畫,綜合政策與計畫的重要執行或實施方法與技巧共有多種,本節選取較重要者分析說明如下。

一、執行者要有全盤的行動計畫

　　執行是要達成政策或計畫目標的行動。組織的目標計畫之後，即進入執行的程序，在執行政策或計畫的階段，組織中從上到下的每個分子都要全體動員。每個人的職位不同，任務不同，執行的行動方式與內容也應有不同。執行的過程中，每個人都分工合作，各自展開必要的行動。每個不同職位的人在行動之前必須要有很清楚、也很周詳的行動計畫。

　　重要的行動計畫包括行動的項目、操作方法以及進程時間表等。上層管理者的主要工作項目是宣示及下達命令，並督促下層部屬的行動。下層工作人員的主要行動項目是依照責任劃分展開操作。

二、選用適當的執行人才

（一）選用適當執行人才的重要性

　　一個組織的所有工作不能只靠一個人執行，需要多人共同執行，才能獲得成果。執行的人才分成很多層級，越上層者的主要執行任務是管理，較下層者的執行任務是操作。

　　要使組織的整體執行有效，必要能選用各層級的適當執行人才。由於社會上組織的數目很多，故一個組織在選用適當的執行人才時，會面臨其他組織的競爭選用，故不一定能選用到最佳的人才，且最佳人才的成本一定也較昂貴，故所謂適當的人才不一定是最佳人才，以能適任並有功能為標準。

（二）適當的高層執行人才要具備管理能力的平衡性

　　管理能力包括領導、協調、決策、溝通、判斷、創新、穩重等，具有平衡管理能力的執行者，必要在這些方面的能力都具備一

定的水準，不能只偏重某方面的能力，卻缺乏其他方面的能力，否則難以將執行任務做好。

（三）要網羅良好執行人才必要提供良好的待遇與報酬

多半為他人工作的人，都要求以獲得良好的待遇或報酬做為交換條件。因此組織為能網羅良好的執行人才，必要能提供合理的待遇與報酬。此種待遇與報酬的計算常用金錢衡量，也即轉成薪資給予。未能給予較合理良好的薪資待遇，也能獲得良好執行人才者，必定是用人者具有某些特質，使人才願意服膺或歸順其門下，為其效勞。這些特質常是其人格上的特殊氣度或風格，如古時具有仁義、道德與寬恕等人格特質者，能使天下的名士樂意為其所用。

三、上層管理者必須宣示及下達行動命令

組織整體的執行行動始於上層管理人員宣示及下達行動命令。命令的宣示及下達可用書面或口頭的方法，使下屬工作人員都能清楚自己的行動任務，也能即時展開工作或作業行動。

上級下達的命令要明確且合理，下屬人員才能方便實施，且能有效。明確的命令要能使接受者容易明瞭，並能確定照樣辦理，不能含糊不清。合理的命令是要對整體目標的達成有幫助，且使接受命令的人能勝任。行動的前後安排要有合理的順序，各種進度的連結都很正確，有條不紊，組織各部門執行起來都能為達成共同目標邁進。

四、下層工作者必須認真切實按照接受的計畫與命令行事

組織中的下層工作者是計畫的最基層實行者，每人所實施的

計畫或所做的工作都為全部計畫的一部份，聚合全部基層工作者所實行的工作，構成整體的工作，也即達成整體的計畫目標。

　　基層工作者在實行計畫時重在認真切實，不可懈怠，也不可偏差。懈怠會使計畫的進度緩慢，降低工作效率。行動偏差，可能造成執行錯誤，不但無功，且可能有損工作的神聖目標。

　　一般基層工作者都處在較被動的位置，為不使其懈怠及偏差，很必要獲得鼓勵以及接受監督。上級管理者的執行任務即應包括監督下層部屬實施行動，使其能認真並正確行動。

五、執行過程中的連繫與整合

　　組織在執行計畫的過程中，各種分子與職位都有其特定的任務與使命，即使每人都很認真實行與工作，仍很容易失去連繫整合。各層的管理者必須隨時注意屬下各部門或各單位之間的連繫與配合，不使其各自為政，不相連結，更不可使彼此產生矛盾與衝突。

　　連繫與整合的重要方法是舉行主管會報，使各部門的主管了解其他部門以及自己的進度、需求與問題，彼此互相配合與支援。也將最新的狀況通告下層，使其能知所調適自己的行動，與大組織與團體的其他部門與單位的行動相配合。

六、講究有效的實施工具、方法與技術

　　執行的過程是為了確實獲得結果。工要善其事，必先利其器，也即有效的執行必須依賴良好的工具、方法與技術。許多機械事務的執行需要各合適的機械工具，如今各種庶務性的工作最需要的工具是電腦。為使工作的實行有效率，必須先具備各種適當的必備工具。

　　有工具只是先決條件，必須還要進一步能使用各種方法與技術來使用與操作工具，才能使工具發生作用，促進工作效能。

第四節　達成目標的執行過程

一、不同組織的執行政策或計畫的細部過程各有不同

　　社會上的組織種類很多，不同組織的功能不同，政策與目標不同，執行政策與目標的細部過程也各有不同。製造業或加工業的組織如工廠，重要的執行過程都需經過取得、製造或加工原料，也需要經過篩選或預備。在製造過程則先要有廠房、機械設備及技術。不同的生產事業所需的廠房及機械設備各異，使用的技術也各不相同。在生產階段，因產品的性質不同，包裝儲藏的過程與型態，也都各不相同。

　　非生產性的服務組織，主要的投入不是原料，而是資訊。服務過程也非比製造，而是等待顧客上門或服務到家。服務的末段過程，不是像生產性組織可取得成品與銷售產品，而是提供各式各樣的服務，包括福利性、維修性、供給性、消費性、諮商性、仲介性、醫療性、教育性等的服務。

二、三段重要的共同性執行過程

　　綜合各種不同性質或功能的組織，重要的執行策略或計畫過程，約可分成三大階段，即投入、轉換與產出。就此三大階段的執行過程概要說明如下。

（一）投入過程或階段

　　投入的過程是執行全程的先前階段或過程，在此執行階段主

要的工作是聚合各種執行的投入因素，並加以連結安排，使其能有密切關係。以對企業的管理而言，在執行投入的過程或階段，重要的工作或任務包括籌措資金、尋找並開發土地、建立設施，包括在土地上建造廠房、倉庫或辦公室及購置機械等。投入技術則要經由學習、購買或租用生產技術及管理技術等。在此過程或階段也必要召募人力，包括領導與管理人力，以及操作人力。

（二）轉換過程或階段

各種投入因素籌備齊全之後，即要進入轉換的過程，也即將各種投入因素加以結合，使其有密切且適當的關係並加運作。如為農業生產組織，在農場上開始種植作物，使其成長。如為工廠，則將機械組設使其運作，開始生產。如為公司，則開張大吉，各種人員各就各位開始進行銷售及服務。

組織在轉換的執行階段，可能調整或改變轉換的方法或技巧。此種調整或改變可能因為原來使用的方法或技巧發生問題，不合使用。也可能因為方法與技術變遷，調整改變較為合算，也有因為配合顧客或服務對象特殊需求而改變的情形。

（三）產出過程或階段

執行的後一過程或階段是產出，若在工廠的組織，產出即為產品。在商業機構，即為售賣貨品給客戶。在服務機構，產出即是為客戶提供服務解決問題。此一階段在執行上有不少繁瑣的雜事需要執行與管理，包括對產出物品的選擇、包裝、加工、儲藏、消費、運輸、連絡、解說、溝通、推銷、售賣、清帳等。

各種執行的過程有者關係運用理化性的方法與技術，也有需要運用商業的、人際關係的，甚至是法律的方法與技術等，使最後的執行管理工作能圓滿收場，也可激勵先前的投入及轉換過程能持續順暢進行，不被阻塞。

第五節　三種層次增進執行能力的軌跡與原則

　　每個人都會經由執行任務來實踐目標。每個人多少都有執行任務達成目標的能力，但執行的方法則有好壞之分，執行能力則有高低之別。管理的學問必要教人改進與提升執行的能力，要能改進與提升執行能力，則要找出軌跡與原則作為參考依據。本節重點即在尋找與探討重要的執行軌跡與原則。分別從組織整體、上層管理人員及基層工作人員三方面所應注意的執行軌跡與原則加以說明。

一、組織整體執行目標與策略時應注意的軌跡與原則

（一）良好的組織執行必須要有策略為後盾

　　執行的目標是實現策略，要執行目標也要有執行的策略，重要的執行策略至少包括三項：即 1.建造適當的執行架構，2.使用有效的控制系統，3.融和執行行動與組織文化。就此三項重要策略的要義略作說明如下。

　　1.建造適當的執行架構

　　執行組織目標的行動常要組織中所有的人同時出手與起步。為使所有的執行動作有條不紊，不相衝突與抵制，必要先建造適當的執行架構，包括分工合作的團隊或單位、下達命令或指揮的道路，以及反映與溝通意見的管道。架構適當良好，則命令的下達、意見的回應都能順暢，全組織的執行能力必高，效果必能良好。否則結構不良，則功能相互抵銷，很難達成理想的執行效果。

　　2.使用有效的控制系統

　　執行過程中最大的敗事行為是偷懶或混水摸魚，以及胡作胡為，暗中搞鬼，或自私被動。若有這種不良的執行行為，一定敗事。為能避免不良的執行行為，組織非常必要使用有效的控制系

統，對不良執行行為加以防止或懲處，使能杜絕。控制系統共有許多類，包括對組織分子加強教育、激勵動機、增強內心自我控制的觀念與能力。也要由管理者設定適當的外控機制，包括獎懲規範，或適當連結大社會的法律控制系統，使組織分子知所警惕或畏懼，而不致犯錯。

　　3.融和執行行動與組織文化

　　組織的執行行動是組織文化的一部份，但組織文化除執行行動以外，還有其他許多項目，包括組織的價值、目標、紀律、規則、心理、風氣、信仰等。良好的執行行為必須以能與各種組織文化相融和為原則，不能存有矛盾或發生摩擦，使執行受到組織文化的阻擾而難以進行，或因難與組織文化相契合而無法推展。當執行的方法不符組織的紀律與規範，也不能受到組織分子所認同與接受，執行的動作一定會受到阻擾，甚至停頓。

（二）必須有明確的紀律為依據的原則

　　執行要能順利進展，必須有明確的紀律為依據。紀律是行為的準則，規定可行、應行與不可行的法紀與規律，使各階層、各部門的執行者都能很清楚行動的準則，不致有誤解與閃失，執行才能少有錯誤，也才有效率。

　　執行的行為常以實踐紀律為目標，但執行本身也有重要的紀律可循。重要的執行紀律如下列數點軌跡或原則：

　　1.發展一套執行行為的規章（code），這套規章載明執行行為細則，供執行者行動的依據。

　　2.由高層管理者教導下級執行者的執行行為。

　　3.使各層執行者先有機會實習執行，使其執行方法與技術能較純熟後使用。

　　4.即時改進下層的錯誤執行行為。

5.公平一致性的執行標準，不宜有兩套或多套標準。

6.必要時重組管轄範圍內的執行程序或方法。

（三）組織的執行程序先後要能合理

良好的執行方法的先後程序必須以合理為原則，也即要合乎系統。先要達成的目標先執行與實務，以方便繼續執行下一目標，不可倒行逆施，否則形成浪費或錯誤。

有系統的執行環節形成一個生命循環，一項接一項，一步接一步。就以技術性的工程發展計畫的執行程序而言，先後依次的順序是 1.先設置新的硬體設施，2.設置軟體技術，3.設定資料，4.訓練能使用與操作新技術系統的人力，5.對有問題個案所存在的資料加以修正或補救。

二、高層執行者應特別注意的執行軌跡與原則

組織中高層管理者的職責雖然都較重視決策，但對執行也不能不過問，其重要的執行任務不在親自動手操作，而是著手監督下層員工的執行進度與成效。常見優秀高階經理人的行事軌跡是經由召開主管會報，使參與會報的各部門主管了解各部門的執行情況，本身則從中了解與掌握整體的執行情形。當發現有問題時，便能即時糾正改進，避免發生錯誤。也由舉行會報了解屬下部門的執行狀況，對於部屬能產生監控作用，也使下屬的執行工作能較正確並有效率。

三、下層人員應特別注意的執行軌跡與原則

組織的下層人員執行的任務，都是較基層的操作實務，其執行的任務都受命於上級的管理者。下層人員執行的重要方法與技巧

與上層者所應注意的有所不同。重要的執行軌跡與原則約有下列諸點。

（一）時時知覺本身的責任達成上級的要求。

（二）檢討自己的工作方法與技術，謀求改進工作效能。

（三）注意按時完成任務。

（四）與其他工作夥伴相配合，不阻礙他人的執行行為。

第六節　執行人才的發掘與啟用

一、優秀執行人才的人格特性

執行是很重要的一種管理面向與過程，善於執行組織計畫的人與善於計畫與組織等其他管理面向與過程的人，在人格特性上有相同的方面，但也有其特別之處。善作計畫的人，常最需要具備創造能力以及周密的思考能力，才較能擬定出有前瞻性及發展性的計畫。但有優良執行能力的人較需要的人格特質，則要具備下列幾點。

（一）以身作則

執行者不僅要求屬下要能執行自己的任務，本身也要能執行自己的任務。自己能認真執行自己的任務，可為其管理的部屬作良好的示範。相反地，如果自己都未能有效執行自己的任務，就很難令屬下信服。

（二）工作要能堅持與貫徹

良好執行者的工作態度與特性必要能堅持與貫徹，否則執行不徹底，成效常要打折扣。

（三）要能知人善用

　　能用的人不一定要最好的，因為最好的人才很難求得，但必須能了解與確定所用之人能適合執行其任務與使命。

（四）善於溝通

　　執行過程中常會牽涉到許多有關的人，會遭遇困難與問題，有者是無意形成，有者是有意造成。這些困難與問題也常會妨礙到他人的執行過程，因此善於執行的管理者，對於屬下與同事必要能善於溝通協調，使其對他人的妨害減到最少或消除。

（五）公正嚴明

　　處在管理者職位的計畫執行者，管理的部屬常包含多數的人，必須對待每個人公正嚴明，才能使其認真並徹底執行自己的任務，組織整體的執行功能才能有成效。

二、優良執行人才的發掘

　　良好的執行人才可能存在於組織中，也可能存在於組織外。組織中的執行長才可由管理者認真觀察了解而發掘。但組織外的執行人才則要經過探訪才能發掘，並要經由力邀才能獲得。為能發揚內部優秀的執行人才，管理者常要經由觀察與評估每個人的工作績效，從工作績效良好的組織成員中，發掘並篩選具有良好執行能力的人。

　　要從外界尋求具有優良執行能力的人才，常要從有經驗同行打聽，或由徵才過程，從應徵者中加以比較選擇。

三、優秀執行人才的啟用

　　啟用優秀的執行人才有下列若干重要的原則可供依據與遵

行。

（一）適才適用

　　組織必要執行的工作或任務很多，啟用執行人才最重要的一項原則必須能適才適用。將合適的專長人才置放在合適的職位上，使其能勝任，也能愉快，執行的效果必然良好。

（二）工作不合適就換人

　　當發現人力的特性不適合其工作性質者，必要立即換人，重新調整較合適的職位，或去除不用，以免其因不適合執行任務而妨害整體的績效。但要評估人與事的結合是否合適卻不能太主觀，更不可太偏見，必須能客觀加以評估，才不會發生錯誤。更換職位時不能只顧其過去或現在的執行績效，更應注意其配合未來的需求。

（三）啟用新人時不可循私或偏顧人情

　　由人情關係所啟用的新人，比較容易發生不適任的現象，也會有請神容易送神難的弊端，啟用不當或不良人力的後遺症很大，當去除不了不適任的人力時，就會給組織帶來很大的負擔與損失。

（四）以有效獎勵制度留住良好的人才

　　人才的獲得不易，對於優良的執行人才，則要有適當的獎勵制度或措施，使其願意留住為組織效命。重要的獎勵辦法，有升等、加薪或當眾獎賞等。

第七章　控制

第一節　控制的意義與重要的性質

一、意義

　　控制（control）是一種經由監督與矯正的過程，使行為者不偏離其希望達成的原定目標，能遵守原定的規則，依原計畫正確行動，達成預定應有的成就。因此控制具有數種重要的意義，包括監督與協調的動作，使規則能被遵守與運行，對行為者矯正偏差，使行為能整合完滿達成任務與使命。

二、性質

　　進一步分析了解控制，具有如下的數項重要性質。

　　（一）與管理的意義相近，但有差別。控制較偏向對特殊問題與差錯的監督、矯正與協調。管理是指較通盤性的，也是一般性的守護與治理。

　　（二）控制是一種較強硬有力的管理方式，對偏差或錯誤要求矯正或改進。

　　（三）分成兩大種類，一類是對行為的控制、預防及矯正偏差行為。另一類是對失效的控制，控制其不失效，而能達成預計的效能。

　　（四）科層結構（bureaucratization structure）是最有力的控制方法或工具（Max Weber 的論點）。

（五）威權控制的有效機制（Parsons 的看法）。較寬廣的控制性質還有許多，本章所論各點也可說都是有關控制的不同方面的性質。

第二節　控制的目的及原因或理由

一、目的

（一）主要目的

在管理上需要控制，其主要目的已在控制的意義上扼要提及，即在於能夠避免行為上的偏差與浪費，可提高組織的工作效率。因為人的心理態度與行為複雜，很容易產生偏差，必要加以控制，才能預防偏差或對之加以矯正。

（二）更細緻的目的

也有學者指出控制還有更細緻的目的，其中較理論性的說法是可達派深思所提出的 AGIL 模式。此一模式是可用為解決任何問題的通用架構或方法。其中 A 是 adaptation 的簡稱，也即指適應外在環境；G 是 goal 的簡稱，也即指目標，要點在達成目標；I 是 integration 的簡稱，也即指整合，或維持秩序使其穩定；L 是 latent 的簡寫，是潛在的意思，而重要潛在的要點在維繫模式與緊張管理（latent pattern maintenance and tension management）。依 Parsons 的看法，社會或組織都含有 AGIL 系統。

控制可達成 AGIL 模式，因為 AGIL 模式中四個部份都需要控制，才不致造成偏差或失能，有控制，AGIL 模式才能進行與運作，也才能產生功能。

二、原因或理由

在管理過程中需要控制有許多原因，其中有些原因出自規劃者或規劃過程，有些原因則出自執行者，也有因為外在環境條件改變所引發。將之分成三方面說明。

（一）出自規劃失當的原因

規劃失當有可能發生在許多方面，包括目標過於膨脹或失之消極，也可能發生在因素的配合不當，規劃者對於計畫或方案的後果未能正確預見，可能未符合組織成員的利益。不當的規劃常到執行的階段或過程才會顯示出來，必要由規劃者或執行者加以矯正、控制，才能減少問題與弊端。

（二）執行過程或執行者不當的行動

有些偏差或失誤會發生在執行的過程，包括執行步驟前後順序不當，或執行者有意或無意的行為偏差所造成，都會使計畫的執行失當，必要加以控制，以免造成績效不良。對於執行程序不當的控制方法是調整程序，對於執行者行為偏差的控制方法則有警告、懲戒、處罰與輔導等負向或正向的控制方法。

（三）環境情勢的變化

各種外在環境的突然變化，可能使計畫方案失去其客觀的必要性或正確性，而必要停止執行或改變執行，這些適應性的改變都是有效的控制行為過程。常見的環境情勢變遷包括經濟的、社會的、政治的、法律的、國際關係等的變遷。環境情勢的改變，組織團體都必要加以適當應對，也即要有較緊急性的控制措施，才能適應良好，減少損失，並能較順利達成目標。

第三節　控制的原則與方法

一、原則

　　管理學家 Arthita Banerzee 提出管理上的控制要遵照六項重要原則，是（一）反射計畫，（二）預防，（三）責任，（四）例外，（五）批評，（六）金字塔等六原則，將之略作說明如下。

（一）計畫反射原則（principle of reflection of plans）

　　控制越能反射計畫，使計畫能因控制而正確且完整實施，便越能獲得良好有效的成果。

（二）預防原則（principle of prevention）

　　預防比治療更能減少麻煩，也更能節省成本。也因此這是較好的控制原則或方法。

（三）責任原則（principle of responsibility）

　　對行為偏差者的矯正要很負責切實實行，才能有效導正。

（四）例外原則（principle of exception）

　　因為偏離標準的行為者常是少數的例外，常必要給其特殊必要的矯正行動。

（五）要點原則（principle of critical points）

　　每一件組織的運作都會有特別的傷害性與危險性要點，故要特別小心謹慎，加以控制。

（六）金字塔原則（principle of pyramid）

　　由控制等管理過程回應的資料必須先與組織的底層人員溝通，如此管理者才能達到較穩固的控制局面。此一原則也強調控制

必須從對底層人員的控制做起，才能較為穩固。

二、方法

　　社會上對人類行為的控制方法常有兩大種類，一種是內控，也即發自行為者本身從心理上及行為上自我約制。另一種是外控，也即使用外力，譬如使用懲罰的方法來約制行為者，使其不敢踰越規範。管理者除了對個人要加以控制外，也常要對整個組織加以控制。對於組織的控制方法則另有幾種不同的方法，將之分別說明如下。

（一）調整目標

　　組織在啟動規劃與執行的前後，管理者時時刻刻都密切注意目標，保持正確性，發現目標不對勁就必須加以調整，調整的要點約有如下幾點：1.改變目標內容，使其程度改變，包括變大或變小，變多或少。這種改變只涉及規模的變動，並不涉及目標本質的改變。2.改變經費項目，也即轉型或更換跑道。3.更改交易或互動對象。這種改變不動到組織本身，卻要變更其外圍或周邊的關係體。

（二）調整結構

　　這種調整方法是對於組織的一種內控方法，也即控制組織內部的組合。重要的結構調整至少可涉及下列五方面：1.更改目標結構，將原定的主要目標當為次要，原次要的目標變為主要，或調整原計畫將先達成的目標變為較後達成，原定較後達成的目標改為較先達成。2.更改行動的標準或準則，將標準放鬆或縮緊。3.調整人事結構，如增減部門或層級的人員。4.變動對人員的選擇、訓練、淘汰與更新。5.建立技術權威，賦予有技術的人權威，或調整不同

技術的權威函數,使原來沒權威的技術擁有權威,原來很有權威的技術則削減其權威。

(三)品質管制

重要品管制途徑包括 1.加強品質檢驗,2.將生產與檢驗分開,使檢驗者對生產具有控制作用。

(四)運用團體動態原理

動態原理的要素很多,包括激勵動機、促進參與、增進互動、加強溝通、發揮領導力等。經由運用這些原理,使組織中的個人或團體提升工作效能。

上面所舉的控制方法是針對組織的控制方面,至於對各項不同管理事項如人事、財務、生產或行銷等管理上的控制都另有關鍵性的控制要項。

第四節　控制的過程

一、控制過程的意義與重要性

所謂控制過程(control process)是指將控制的環節連結成有順序的步驟,使能產生良好的效果。組織管理學家 Marvin E. Mundel 提出一個管理科學的概念架構(A Conceptual Framework for the Management Sciences)描繪出控制的循環圖(The Cycle of Control),綜合各層次的控制,為控制的過程提出一個很完整的概念性架構。這種控制過程包括從上層規劃管理者到基層作業管理者,所有必要的控制程序都包含在內。重要內涵將在下一小節說明,在此先說明強調控制過程的重要性。

過程很講究進程的順序,為的是使工作的進展能有條理不紊

亂，能節省成本，增加效能。工作的過程正確，則進展順利，否則就不容易達成目的，即使能達成也將耗費較多成本。

二、控制循環圖說明

　　圖 7-1 自第 1 步到第 6 步表示一般工作過程，也即從第 1 步：面對環境決定目標到第 2 步：進行規劃，到第 3 步：決定工作負荷，到第 4 步：決定獲取資源，到第 5 步：取得權威使用資源，到第 6 步：完成工作。以上六個步驟或過程都是組織在運作過程中必經的途徑，要做好每一步驟也都要加以控制。從第 7 步

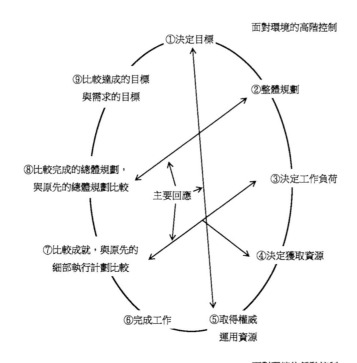

圖 7-1　控制循環圖

到第 9 步則都要就完成的工作分別與原先的細部計畫、大規劃，以及組織目標作比較，也即是要進一步檢討，發現不妥即要調整修正，改善工作過程，更有良好效果。其中在第 7 步，要將完成的工作與原先的細部執行計畫比較並檢討，將結果回應到細部計畫，調整工作量及對資源取得的決定。到了第 8 步，則將完成的總體規劃與原先的總體規劃作比較檢討，也將結果回應到總體規劃，調整總體規劃。此一過程也將回應傳達到最高階的管理者，應對環境對目標作調整，同時也回應到低階管理者對取得權威運用資源方面也作適應。第 9 步則要比較已達成目標與要求的目標，為未來的目標重新定調。以上的控制過程原則可適用於各層級的控制。也適用各種不同類型組織管理上的控制。當然在每個控制過程，可以有不同的修飾或變化。但越開放越少受到干擾的控制，當可使控制的成效越周全、越完滿。

第五節　控制的類型

　　社會學家探討人類在控制偏差行為的類型時，最常分成內控與外控兩類。管理學者對於管理過程中的控制理解則有更多種類，本節將較常被注意與提醒的分類列舉並說明如下。

一、依控制的時間點而分

　　時間控制是控制進行的重要選項之一，由於進行的時間點不同，可將控制分成事前、事中及事後三類。

（一）事前控制

　　這種控制是在尚未發生毛病與問題前就事先預測到可能會發

生，而事先作預防性的控制，因此也常稱為預防性的控制（preventative control）。許多有經驗有遠見的管理者都能重視，也會做到這種控制。事先設防不使問題與毛病發生，或事先能預見問題與毛病不可避免，乃能先做解決的準備，不至於問題發生後才手忙腳亂或束手無策。

（二）事中控制

這是指在發生問題、毛病或偏差的過程中即時偵察並制止與解決，使錯誤與損失能減到最少，此種控制也常稱為偵察性控制（detective control）。管理者要能當機立斷，稍有毛病即要偵察錯誤，且要見錯即改，不拖泥帶水，不優柔寡斷，才能收到事中控制的效果。許多緊急性的毛病與問題都必要於發生的短時間內就能有效控制，否則將不可收拾，乃至無法運轉。生產機器老舊失靈、廠房失火、員工罷工等事，都要在發生的短時間內消除控制住，以免生產停擺。

（三）事後控制

許多問題或麻煩是始料未及，發生時甚至不易察覺或解決，常要事後檢討時才會發現，或才較好作矯正控制處理，這種控制也常稱為矯正控制（corrective control）。需要事後控制的事例很多，比較不易發現、或比較不緊急的事故，都常於事後才控制。控制的方法是改過自新、力求進步。學生拿到不及格的成績單後，心有所悔所悟，而後奮發圖強，終能獲得好成績。廠家公司管理上的疏忽，經媒體或市場上消費者反應後有所警覺，而後努力補救改進，也是事後控制的最佳例證。

二、依照作業流程而分

這方面的控制可分為開放控制（open control）與封閉控制（close control）兩類，兩類的控制流程會有不同。

（一）開放控制

這種控制是無迴路的控制。由主體控制客體，客體不會主動回應給主體。自動化的機械設施都於設定流程後就自動進行，從注入原料到產出產品各階段都自動進行，途中遇有差錯不會有回應。操作者或管理者要查覺錯誤不能等機器告知，而必須自己去察覺。發覺有錯之後要加以改進，機器也不會自動幫助修正，必須由人下指令調整機器，或改變投入因素等。

（二）封閉控制

相對於開放控制，封閉控制是將整個控制過程設計成一個封閉系統，各控制階段或路程有迴路系統，經由內部的回應而調節控制，不受外界環境的介入影響。許多冷熱器的設計都依照這種控制原理設計而成。

在人類組織管理上的控制可能不像機器的控制，完全開放或完全封閉，只是相對比較開放型或比較封閉型的控制而已。

三、其他分類方法

有關控制的分類還有不少其他的方法，譬如尚有（一）定值控制的分類法，包括有表示景氣安全的綠燈類，代表低迷的藍燈，代表警戒的黃燈，以及代表熱絡或停止的紅燈等不同景氣類別。（二）依程序分解控制的類別，如在進場的控制以區隔入場資格為主，中場的控制重點在維持秩序，散場的控制要點在達成安全撤退或維持場地的清潔乾淨。（三）優化的控制，主要目的為擇優，這

種分類包括分級分等、淘汰劣等、維護優等。生物的優生控制、比賽的淘汰控制目的都是在去蕪荐菁。將不良的等級先出局，留到最後的是最優等的類別。（四）自動控制，依此標準而分，則可分成全自動、半自動及手工控制等不同種類或等級。

第六節　控制的正反效果

一、適當控制必有正面的效果

　　管理者為了能有效管理，常要使用適當的方法對管理的人事加以控制，控制得法必也能如預期獲得良好的效果。控制對於操作的人而言，主要的意義是在實際操作用具或機械，使能知其性能，作正確的控制。學開車，要能由學習並了解對方向盤、油門、刹車、方向燈等重要機件的控制，辦到了，就可將車開得安全順利。工廠的作業員也都必要能了解其操作機件的特性，並知作適當的操作與控制。

　　對組織、企業、政府部門等在管理上的控制也都同樣要能順利引導運作，使其能達成預期的目標，中途不出差錯，使運作的成效良好。組織按其目標的不同，有的能賺大錢、做好事或服務好大眾。經由良好的控制，都能使其成效改善。社會上設立不少治安及司法系統，目的都在控制人的行為，不使偏差，以免擾亂社會的安全與安寧。如果控制得宜，壞人會少有作為也較少出現，社會會比較祥和。

二、控制也會產生不少反效果

　　控制過度、不足或不當都可能無法產生預期的正面效果，甚

至會產生許多反效果。

　　各種社會組織可能引發或造成的不良控制有很多種，最常見的是方法錯誤，馬嘴不對牛尾，以致不適用或無效。控制過度會出現小題大作，或牛刀殺雞。也有可能正相反，控制的強度不夠，不痛不癢，發生不了作用。也有微弱的控制是產生形式主義，名為控制，實質上並未真正施加壓力，只是在掩人耳目，敷衍了事，表面要打老虎，實質上只打到蒼蠅。高度專業性的控制，常因不得其法而入，或因成本太貴，取得不易，只能望之興嘆，無法施展控制的作為。也有低劣的控制是下錯了藥，不但無效，反而會傷害生命。有些控制者太自私，常從本位主義出發，控制的想法與動作都出自自私自利的立場與想法，因此可能得不到良好的效果，或效果被偏差的不良後果所吞食。官商勾結常使公共建設上的控制不實或失敗，甚至還造成了巨大的浪費與損失。

　　不當的控制可能也會產生某些正面的後果，但負面的後果可能更多。過度的控制最容易使受控制者會有過度的反應及抗拒。微弱不足的控制則可能根本不足為人所懼，因此也產生不了作用。形式主義的控制容易造成虛假。資訊不足無知的控制則常容易造成錯誤，發生危險。自私與不公平的控制則常會產生不良的互動，包括紛爭與衝突。

　　由是觀之，控制本來是管理的一項重要且良好的環節或方法，但也常因運用不當而造成禍害，管理者不得不慎。以上是就控制的一般錯誤及造成的一般負面後果。如下進一步略述社會上常提及、也是常見的兩種特殊方面控制不當所產生的不良後果。

（一）不當生育控制及產生的不良後果

　　在人口生育率高成長的國家，政府與民間都憂慮人口膨脹會拖垮經濟，乃鼓勵人民控制生育。但控制的方法常會因為準備不足

或個人問題而有不當的作為，例如缺乏有效的組織體系、支援系統不足、推行人員知識不足、人民的無知等，以致未能使控制的效果充分發揮，甚至會有不良效果，重要的不良效果可能會有多種：1.接受控制的婦女身體不適，健康受損，2.控制無效，造成意外生育，3.受到藥害，出生畸形兒，4.服用避孕丸，荷爾蒙及月經失常等生理機能改變，5.使用樂普造成子宮流血，6.增加體重，7.造成沮喪，8.頭痛等。

（二）黑槍管制及其不良後果

為使社會安全，多數國家的政府對黑槍都有管制，不法私人擁有將要嚴列管。但槍枝管制會有疏漏或失效的不當情況，也會造成不少負面的後果，1.因為管制，故黑市上價格昂貴，以致有黑社會的人物以走私黑槍為業，致使在暗地裡黑槍更加泛濫。2.一般善良百姓得不到槍枝作為防衛武器，但心黑的歹徒卻能擁槍自重，當為犯案的武器。3.管制的黑槍來路不明，擁有者也不明，致使一般無辜的善良百姓更加難防槍枝的危險性及傷害。4.因為槍械得之不易，有些想擁槍自重的歹徒常用搶槍的方法得手，造成帶槍警察或軍人被搶的危險性。5.為管制黑槍，增加不少政府在警政、立法與司法上的責任。6.黑市上對槍枝的需求造成不法槍枝製造與交易的盛行。7.被禁的黑槍常被歹徒用為重大搶劫及謀殺等治安上大案件的工具。

第七節　對不良控制及其負面後果的化解

管理過程雖然少不了要有控制的動作，但控制會有如上所述的不當情況，因而也會發生負面的後果，因此必要對之加以適當引導與化解。一般有效的引導與化解之道有下列這些。

一、體認問題，找出病態對症下藥

控制要能精準正確必須要能對症下藥，為能對症必須要先對問題作正確的診斷與體認。醫療上在診斷病情的過程常要使用精密的檢驗儀器。管理上的問題診斷要做得精確，也常要經過細密的研究分析與判斷。這種診斷的工作要做得好，必須管理者能有良好的功力、經驗與智慧。有些較特殊性的問題診斷能力，常要具備專門性訓練才能。當管理者自己的專業能力有限，常必要特別聘請專家協助。

針對特定病症要能下對藥，控制者必須能熟知各種可能的藥方。從各種有效的控制方法選擇最適當的方法加以使用。控制者平時就要具備應用的知識或技能，不能臨時抱佛腳，否則就很難找出最好的控制方法並加以使用。

二、使組織目標在組織分子心中內化

控制要能有效，各相關分子要能內控，也即是從內心自動控制，遠比由管理者施加壓力的外控方法更加有效。外控如果未能先達成內化的效果，受控者的順從可能只是短暫被動的，長時間之後可能陽奉陰違。但如果出自內心誠心接受控制，即使在監控者看不見的情形下還是會自我約束。因此最有效的控制是要使組織分子能內控。而最重要的內控要點或關鍵是能接受組織的目標，成為自己努力的目標。

為能使組織分子誠心認同並接受組織目標，也變成自己的目標，最好的辦法是使組織目標與其個人的目標相同或相近，即使不同也要有很合理的連結。

以國家為了安全或強盛發展而不得不與敵國戰爭為例，需要士兵去打仗，士兵打仗可能要犧牲生命，會有不甘心與猶豫，這時

國家對士兵的控制方法，如果是強迫其就範，士兵可能會有反彈或心中有怨。如果能使其建立愛國心，將自己的生命與國家命運連結在一起，願意犧牲生命獻身殺敵，就會義無反顧。但要引導這種內化的工作並不容易，也不簡單，必須國家領袖平時帶領國民以及將領平時帶領士兵都能得法，引發人民與士兵對國家的認同與共鳴，才能較有效達成國民與士兵將國家目標內化為自己目標的可能。

三、糾正不正當的個人及組織行為

組織分子有不當的個人及組織行為常會妨害組織的運作與發展，因此也需要受到控制，而控制的要點即在糾正這種不當或錯誤的行為。

管理者在糾正組織分子的不當行為時最要注意兩個要點，一個是不使不當行為暗藏在組織中的死角，以致揭露不出來。另一個是糾正要得法，能使接受糾正者心悅誠服，不有怨言或反抗。要做到這種糾正的境界，控制的管理者就得養成許多有智慧的待人處事功力。

四、溝通與化解歧見，使能互信互諒與合作

不少不當控制不良後果的產生常由溝通不良、了解不夠，以致彼此缺少互相信任與諒解造成，一旦組織中有人心有疙瘩，整體就難有良好的合作。化解之道是從溝通與化解歧見做起，使大家都能互信互助並合作。

五、激勵員工的積極態度，再創期望與效能

控制是方法與手段，使員工經控制後能為組織效命達成目標

或再創新希望與新效能才是最後目的。控制者必須認明此點控制的
意義與目的,也使所有的員工或組織分子能明白此種控制的最終意
義與目的,使控制的行為都往達成此一目標進行。

第八章　授權、分權與集權

第一節　授權的意義、性質與利益

一、意義

　　授權是一種管理的技巧與藝術，是指機關的主管將權責授給部屬負擔，使其可代表主管行使管理的職務。主管授給部屬的權責可能包括多方面，包括用人、用錢、做事、交涉、協調等。份量可多可少，既給部屬權力，也要其行使並完成責任。這是一種兼顧專門化及人性化的管理方法，也是一種管理思想。約在二十世紀的 50 至 60 年代，由世界著名的大公司伊恩戈登所提出，乃能解救公司管理效率低下的問題，由是可減少管理層次，簡化辦事過程，提高辦事效率，滿足客戶的需求。

二、性質

　　授權在管理上具有多種好處的性質，具體表現在下列幾方面。

（一）有助達成責任目標

　　達成目標是組織管理最主要的任務。管理良好的組織都將組織目標先做合理的分配，每個分子都有明確的目標。授權可使被授權的部屬代替主管行使權責，較便利幫助主管達成目標，完成責任。如果未經授權，高階主管必須事事親躬，要完成所有的目標可

能要延長時日，甚至會有應接不暇，或容易有疏忽與錯誤。授權可使主管分勞分憂，達成職責與目標。

（二）授權可容易調動部屬積極參與工作的需要

授權給部屬明指其責任與目標，也配合其達成目標完成責任的權力，可提升部屬的重要性，多半都能符合部屬的需要，因而願意積極參與工作。

（三）可提高部屬的能力

授權不僅要明確指示部屬應盡的職責，也必須授予行使職責應有的權力，有此權力就能增強辦事自主能力，發揮工作效能。

（四）可增強組織應變的條件

組織或機關面對多變的環境，任務與目標也可能瞬息萬變，必要時時調整應對的辦法，授權可視實際情形與需要作較迫切性的權責調整，增強組織應變的能力，更有效經營並盡功能。

三、利益

從授權的意義與性質大致可看出其若干重要優點或利益，更具體將其重要利益與優點列舉如下。

（一）可減輕主管的工作負擔。

（二）可訓練部屬獨當一面的工作能力，也能增加其滿足感。

（三）可幫主管增加控制幅度或範圍，減少管理層級，節省管理成本，提升管理效能。

（四）可幫整個組織或機關較容易達成目標。

（五）為組織或機關增加例外管理的體系與功能，培養新幹部。

　　（六）養成組織分子負責任的習慣與文化，也培養組織內良性競爭的風氣。

第二節　授權的問題

　　授權雖有許多優點與好處，但也有不少缺點或問題，這些缺點或問題也常成為阻礙授權進行的因素，綜合起來約可歸納成四大方面的問題。

一、部屬方面的問題

　　（一）能力不足或害怕負責任出事，難以承擔授予權責的大任。

　　（二）接受權責，養大自己，容易失其應有本份。

　　（三）獲得特權，容易遭受同事的嫉妒。

　　（四）事先需要經過嚴格的訓練，不願接受，或於完成訓練後跳槽。

　　（五）賞罰不成比例，有功無賞，有責要償還或受罰。

二、主管方面的問題

　　（一）主管事必親躬，放心不下部屬的能力與操守。

　　（二）擔心大權旁落，失去權威。

　　（三）擔心部屬不當作為，傷及主管。

　　（四）有些私密任務，難以授權下屬。

　　（五）授權會有不當或不足，致使成事不足，敗事有餘。

三、組織方面的問題

（一）授權在組織內不普遍，成為特例，窒礙難行。

（二）破壞正常與倫理，傷害某些特定職位的權責，容易造成不滿。

（三）接受授權的部屬本職會受到影響，如將其本職轉移則會增加其他人的負擔。

（四）授權與被授權者之間成為特殊關係，容易結合成小黨派，反而傷害大組織的團結與合作。

（五）組織要訓練足以擔任授權的部屬需要花費成本。

四、外界環境的問題

（一）客戶對被授權者不信任。

（二）授權者私下與客戶勾結，傷及主管的付託及組織的利益。

（三）不當授權容易受到競爭者的批評與指控。

（四）部屬在工作過程中遭遇重大變故時，難以作主。

（五）中途發生外界資訊錯誤或不足時難以中止授權。

以上的這些缺點都可能成為阻礙行使授權的因素，使授權的機制與技巧不易在組織中順利推行，終也不易使組織能充分發揮授權的好處與優點。

第三節　克服阻礙授權的方法

授權有不少好處，適當運用對於組織的管理效能會有幫助，為能有效實施授權，必要針對阻礙性問題加以克服，重要的克服之

道可分成下列四大項及許多小項說明。

一、協助部屬克服能力及心理行為上問題的方法

（一）給下屬必要的訓練及激勵，增進其負責的能力與膽量。

（二）使下屬充分明瞭授權的意義與權責。

（三）支援下屬必要的資源。

（四）給下屬有回應的機會與管道，並要求提出成果報告。

（五）不對下屬作不信任的檢查，不責備但也不過度呵護下屬的過錯。

二、主管方面克服問題的方法

（一）要能知人善用，不授權給不可信的部屬，既授權就要信任。

（二）認真了解下屬，授以當授之權責。

（三）不對下屬下過份的指導棋，致使其全無主意。

（四）不做不當的授權，致使部屬難以執行與完成使命。

（五）不與授權部屬私下密謀，做出有違組織整體利益的命令或行為。

三、組織改善授權制度的方法

（一）建立必要且適當的授權管理方法，使其制度化。

（二）對授權的範圍與作業要事先做好規劃，不臨時抱佛腳。

（三）應對下屬作必要的訓練，使其充分了解授權的內容。

（四）考慮授權可能造成的後果而作適當調整授權內容。

（五）遵守授權原則。重要原則有四，即相近原則、授要原則、明責原則及動態原則。

四、由適應與改變環境而改善授權的方法

部份環境條件很難以組織的力量加以改變，但另些部份的環境則可由組織的努力加以改變。在前種環境條件下，組織要改善授權只能經由適應環境的條件來改善。在後種環境條件下，組織要改善授權卻也可與兼顧改變環境同時進行。

考慮環境因素對授權的影響，則組織在考慮授權時，盡可能不與環境條件有矛盾或衝突，譬如不選擇被顧客不歡迎的人物當為授權的對象，以免授權接受者無法達成任務。國家在選派大使時，就常要考慮派出的大使要能被邦交國所接受與歡迎。

第四節　配合授權的控制

一、需要控制的理由

授權因有許多長處或優點，因此在管理上常被應用，但也因而可能發生許多毛病與問題，而必要加以控制。前節述及克服阻礙授權問題的方法，部份是因擔心授權的長處或優點會受到阻礙不能展現與發揮，部份則擔心授權的短處缺點會因缺乏約制而貿然出現。雖然在論及克服阻礙授權的方法時，也提到主管對授權的部屬不宜事事親躬，不便使其綁手綁腳，但這不等於對其毫不加以約束與控制。因不約束與控制則接受權力的人很容易失之拿著羽毛當令箭，胡作亂為，超越權限，就失去授權的美意。

在此針對授權的控制，特別提出「授權批准控制」的方法當為重要的控制機制。在管理過程中若能慎重使用這種方法，便可增加授權的安全性，也可使授權避免發生短處，產生最大的長處。

二、授權批准控制的意義

此種控制方法是指組織或機關的上級主管明確規定辦理業務下屬的職責範圍，及處理業務的權限與責任。任何業務人員在辦理每項業務時都能先得到適當的授權，並在授權範圍內承擔相對應的責任，包括經濟及法律的責任等。授權的範圍及對應的責任都明寫在書面上，並經上級主管批准。部屬可按上級批准的授權範圍處理業務，不必請示，也因此可避免推諉塞責，發生問題也必須負責。

三、授權批准控制的種類

授權批准控制分成兩項，即是一般授權及特殊授權。前者是指授予部屬處理正常範圍內業務的許可權，後者是指授予超出一般授權範圍的特殊業務的許可權。例如准許採購權規定一般授權價錢限度，在此限度下，被授權者可自己視實際情形決定是否採購。超過此一限度，則必須請示主管，於獲得批准後才能進行採購。

此一規定授權的限度不宜太高，也不宜太底，太高會使上層領導者或主管失去控制權，組織會冒較大的經營風險。太小則下屬事事都要請示，使授權名存實亡，上級會為小事所煩，下屬則會喪失工作熱忱。

四、授權批准控制的工作限制

組織對其授權控制的工作會有下列幾點限制。

（一）未經正式授權各層人員不能行使授權

任何組織所有工作人員都依分工原則各有其位置與職責，但未經正式授權，各職位都不能行使其職權。

（二）未經授權所有業務不能執行

授權批准控制對各層級業務規定非常明確，下屬的業務都必須經由上層交辦或經申請由上級批准後，才算正式授權，才能執行。未經上層審查批准所執行的業務均為違法。

（三）經過授權的業務都必須執行

經過授權業務如果不執行就成失職。但如果執行過程中發現有困難，執行不下去，要即時呈報由上級更改計畫，如此各項業務才能依照既定的方針進行，全盤的業務才能受到有效控制。

第五節　分權與集權的意義及在管理上的重要性

一、意義

分權與集權是權力運用的兩種不同模式，分權是組織將許多決策權力下放給低層組織，使其能較具主動性及創造性，組織上層只掌控少數關係全組織大局利益和問題的決策。相反地，集權是指組織的決策權高度集中在上層領導者，下層部屬只能聽命行事，並無太多決策權。集權與分權的關係是相對性的，很少組織是絕對分權或絕對集權的。如果低層決策權所占的比率越多，組織就越趨向分權，上層決策權所占的比率越多，則組織越趨向集權。

二、重要性

　　分權與集權是針對組織決策權的歸屬性而分的。其重要性關係到兩個要素，一是決策的重要，二是對決策控制程度適當的重要。決策的重要性在本書第三章第一節已有較詳細的說明，要點在決策是決定行動的目標，是整個管理過程的起步，是引導行動的依據。決策正確與良好與否關係組織運作的績效及成效甚鉅。

　　決策是否正確與良好主要的關鍵在於決定什麼策略，而策略決定內容受誰決定的影響很大，尤其是決策權集中在上層及分散到下屬，所做出的決策內容常會有很大不同，對組織目標與績效的影響也會有不同。有些決策由上層決定可能較合適較好，另些決策由下層作決定，可能較合適較好。為求得最合適的決策，組織就有不同程度的分權與集權，分權或集權的程度以能使組織的運作達到最佳效果為準則。

第六節　分權的優缺點與行使時機

一、優點

　　扼要言之，組織分權的重要優點約有下列幾項。

　　（一）組織可因地制宜，更加靈活機動處理事務。越是龐大的組織，各地方或各分支部門的處境差異越大，有效的對策也相差越大，不容易使用一致性的策略來應對，有必要由各地方部門視實際的情況與需要，而較機動調整決策及行動，才能較容易符合實際，並收到較良好功效。

　　（二）分權分工可避免上級主管專權獨裁，減少差錯。

　　（三）分權分治較符合民主原則，可激發各級員工的自動自

發性，較能培育獨立工作的能力，增強其責任心與榮譽感，有利增進工作效能。

二、缺點

分權的缺點也有若干，重要者如下所列。

（一）地方或下層權力過大，容易形成地方主義或尾大不掉的弊病，導致組織分化分裂，缺乏整合。

（二）分權過度，導致各部門發展畸形不平衡，很難統一。甚至會導致地方對抗中央，下層對抗上層的混亂局面。

（三）地方或下層權限過大，導致不聽中央或上層的命令，致使中央的政策很難貫徹。

三、適合行使的時機

不同組織或企業條件不同，處境不同，在決策需要與適合行使分權或集權的程度也各不同。就較適合行使分權的組織條件或處境列舉如下。

（一）組織的規模較龐大者較適合採用分權決策

規模大的組織，分支部門可能較多，空間距離可能越遠，部門之間業務的差異也可能越大，上層主管的控制幅度也越大，不易面面顧全。太集權可能造成訊息的延誤與失真，為能加速決策，減少失誤，提升效率，最高管理者就要考慮適當分權。

（二）組織結構複雜度高

組織結構的複雜度常與規模的大小成正比例，也有例外，但較少。當規模大時複雜度也會較高，複雜度越高的組織，各部門的差異性越大，越需要獨立自主的程度也越高，各支部門及各分機構

越必要有自己的決定，使能較快速較方便行使業務。這種組織也越有分權的必要。

（三）成長與發展越快速的組織

這種組織變動快，需要較常調整決策，決策也必要能較快速做成，因此也較適合採行分權的決策方法，才能較機動決定。

（四）決策事件的成本與代價較低者

對這種事件決策萬一失敗，損失較少，代價較低，下層部屬也較能負得起責任。

（五）下層人員的素質較高

要能做好決策，決策者的素質必須較高，因此組織的下層人員素質越高，就較適合採行分權，由下層多做決策，成功的機會可能較大。

（六）上層主管的作風開明民主

決策是否能較分權與組織高層的行事作風也很有關係。一般行事作風較開明民主者，較合適也較可能將決策的權力下放。

（七）上層主管越有控制能力者，越可將權力下放

分權可能導致下層濫權的情況，上層主管有較大的控制能力，就不致因分權而造成太大的錯誤與損失。

第七節　集權的優缺點與行使時機

一、優點

隨著民主化的潮流，集權逐漸被拒絕，但客觀上集權還是有

些優點與好處，重要者有下列幾點。

（一）可使政令統一，標準一致，便於統籌事權的大局。

（二）指揮方便，命令容易貫徹實施。

（三）有利形成統一的組織形象。

（四）容易形成強有力氣勢，因力量不容易分歧。

（五）有利集中力量應付危險局勢。

（六）樹立強權領導的象徵，可較容易壓倒競爭者或衝突者。

（七）有力壓制分歧成見與異議分子，可較有效達成目標。

二、缺點

集權的缺點不少，重要者有下列數點。

（一）不利發展個性，很難培養出有創意的人才。

（二）組織缺乏彈性與靈活，容易僵硬，產品也樣板化。

（三）適應外部環境變化能力較差。

（四）下級容易產生依賴觀念，也不願負責。

（五）集權者對部屬作風強硬，缺少體貼，容易招來怨恨與反抗。

（六）組織的變遷與進步較為緩慢。

（七）報償與獎懲隨領袖喜惡決定，少有公平合理。

三、適合行使的時機

適合組織行集權的決策及其他管理內容的條件與時機也有一定的情況，下列幾種時機都較適合採行集權的方法。

（一）當決策成本或代價較高時

決策的成本與代價越高，組織輸不起，部屬也擔當不起時，是比較適合由上級領導者集權決定的時機。

（二）為求政策的一致性

當高層管理者越希望保持政策的一致性，決策的決定就比較適合集中由少數的高層主管來做，省得決策過於分散。

（三）組織的規模較小結構較簡單時

此種組織集中權力決策與管理較少有反對或歧見，也較不會因集權而出大問題。

（四）上級主管與下層的能力差距較大時

當上級主管的能力明顯比下層的能力高明較多時，越必要採用集權方式決策與管理，能明顯比分權的決策與管理成效較佳。

（五）組織處於靜態的情況

較靜態的組織，採行較集權式的決策與管理都較不會出事端與問題，但也可能較少有變化與改進。

（六）上層的控制力強時

由於不必擔心部屬對集權的反抗，可較大膽放手實施集權的管理方法。上層為增強控制力，常特別增設控制部門或副組織，如政治團體為鞏固集權式的政權，常組設特務部門，協助對人民的控制。

第八節　管理上權力概念的延伸議題

一、了解的目的

在管理學上有關權力的概念除了本章前面所討論的授權、分權與集權三要項之外，還有不少。在本章最後一節將之合併再加補充。討論這些延伸的議題有幾個重要的目的，將之列舉並說明如下。

（一）供為有心人知所獲得權力資源以提升管理地位

不少介入管理的人，都想爬升到較高階管理者的地位，要能得到這種地位最重要的途徑是知所獲得權力資源。先了解權力資源所在，進而才能知所獲得，因而也可晉升管理地位。

（二）了解行使權力的原則

有權力的管理者，終究都要運用與行使權力於管理事務上，為使權力的運用與行使不發生差錯，必要了解行使權力的原則。

（三）認識權力的構成

對權力的構成有充分清楚的認識，有助將權力具體表現在管理業務上，使管理更能容易成功。

（四）適當展現權力的形式

權力的展現形式有多種，知所適當展現形式，才能知所適當變化形式，並加以運用，使權力能較充分發揮，增加管理的效果。

二、權力資源

人在社會組織或機關中能藉以獲得權力的資源有多種，包括知識、技術、金錢、財務、地位、社會關係及人格特質等。每一種

資源取得的關鍵因素並不相同，但有一共通之處是，多半心中想要取得。其中知識與技術可由認真努力學習而獲得，金錢與財物可由使用各種有效的方法努力賺錢或因幸運的繼承而獲得。社會關係可由自己創造或貴人安排而建立與改善。人格特質也是能否取得權力及取得多少的決定因素之一，有人天性並不喜愛權力，有人視之如命，當然兩種人握有的權力必會有所不同。

三、權力的行使原則

（一）自由締結的原則

在民主的社會，權力的取得應經自願與自由的方式，不能在脅迫、欺詐或威脅的情況下取得或締結。

（二）義務原則

權力者雖有權利將之行使表現，用於管人管事，但更必要遵守與履行義務。有此原則，權力才不致被濫用，以致變為人人厭惡與反感的惡毒工具。

（三）誠信原則

組織中的權力都依規定的關係而產生與形成，持有權力的人員能在規範的關係情況下行使，且要信守規定的權力範圍，不能超越，否則變成不實、欺騙或壓迫，被壓迫者有不服從或不遵守的權利。

四、權力的構成

權力的構成也有多種不同的基礎，較常被提及者有下列幾項。

（一）法定權

這種權力的基礎得自法律的規定，是很正式的，也常常與正式的職位或地位相結合或相對應。各種公職人員在法律上都賦予公權力。組織中不同職位的人，也依組織的規定而握有不同性質與程度的權力。

（二）強制權

這種權力是建立在懼怕的基礎上。手中握有武器的搶匪歹徒足以使受害人懼怕，因而對受害人有強制的權力，明知其無理，但為了安全與生命不得不屈服在其強權之下。強國侵略弱國，也是一種強制權的表現。

（三）獎賞權

這種權力是建立在獎賞的基礎上，有能力或本事給人好處，也即是獎賞的人便可受人服從及支持，因此對他人就掌握了權力。

（四）專長權

持有特殊專長，做他人所不能做的事之人，包括知道他人不知道知識的人，都握有影響他人、受人推崇的本錢，也是其權力。

（五）表率權或參照權

因為個人的品格、魅力、外表、經歷、背景、思想、行為等特質，成為其優越條件，足為他人的表率或參照學習，都可能變成其權力，使人不得不佩服或讚賞。

以上這些權力基礎也與權力來源甚為相近，也相通，只是資源較強調權力取得來源，基礎則較強調權力的站立點。各種資源之間容易有相通之管道，各種基礎也可有互換與互通之道。

第九章　激勵

第一節　激勵的意義與在管理上的重要性

一、意義

　　所謂激勵是指激發與勉勵，是組織用為增進與提升分子工作意願與熱誠的一種心理方法。主要的方法是經由設計適當的工作環境運用獎酬制度與懲罰措施，使個人行為合乎規範。

二、重要性

　　激勵也是一種有效的管理方法，在管理上具有重要的地位，要點包含下列數項。

（一）可提高管理效能

　　激勵是一種刺激與鼓勵人願意努力工作的心理動機與行為。組織能有效激勵組織的個別分子，必能使其為組織努力工作，組織必可提升管理效能，也可收到良好成效。

（二）激勵是合乎人性的一種管理辦法

　　激勵以獎勵為主，懲罰為附。獎勵是人人所需要，而懲罰是人人所不願意的境遇。管理上能適當激勵組織分子或員工，必能符合其人性，撼動其心理，影響其行為與表現符合組織規範準則。

（三）激勵的目標與內容包含許多面向都為組織所需求

一般激勵的主要目標與內容是指努力工作，但努力工作的目標與內容有多種，也都為激勵的對象，且都為組織所需求者。重要的激勵工作項目包含完成例行分配的業務，擔當特殊性任務與使命，如機密性的、困難性的與危險性的。受激勵的分子為組織團體爭取榮譽，犧牲或放棄個人利益成全團體利益等。組織所以會導向或做出這些激勵，都因有其必要性。

（四）激勵的方法都能為個別分子所認同與接受

不被認同與接受的方法不能用，所用的方法都能被認同與接受，也才能合乎人性與情感，也才較為重要。

（五）激勵不僅可激發並提升組織內部分子的潛能，也能吸引外部的人才

激勵不僅可激發組織內部分子的潛能，更可從組織外部吸引人才。外部人才無不都以能獲得良好的工作環境條件而尋找目標，也願意為良好的工作環境與條件的組織效命。激勵的辦法與制度都很吸引人，成為人人爭取的對象，能使組織的聲望良好，也使效能變好。

（六）激勵可造就人才

人才有自動發展出來的，也有被激勵出來的。經過刺激與鼓勵，人可自我發展，也願意發揮潛在的才能，使能突飛猛進，從平凡之人變為有才幹之人。

（七）激勵可成為組織管理的典範

良好的激勵方法可增進組織的效能，為組織管理者樂於學習與效法。因此必能成為管理方法的典範。

有上列許多重要性，激勵是管理學上不可不談的重要課題，

也為優秀管理者所應探討及具備的重要管理方法或過程，需要善為並妥當運用。

第二節　激勵的原則

一、原則的重要性

論激勵，原則非常重要，能有激勵的原則，並依據原則行動，激勵就不易出差錯，且能確實有用。原則的英文為 principle，包括原理與定律之意，客觀存在於事實中。依照客觀的認知所確定的準則，可供為預測或推敲自然現象的規律。

原則的重要性因其能建立或存在於重要性質的基礎上。所謂重要性常是因有重大的價值或功用。而原則的重要性是因其可被接受為行動規則，也可當為真理或法律，或當為行動或行為的基礎，也可被用為管理的原理或依據。激勵引導行動或行為符合義務的要求。這種自然現象、規則或法條都為組織行為者必要依循，也是組織的管理者所應重視與掌握的。

二、多套的激勵原則

過去管理學者對激勵的原則曾有特殊看法與建樹者不少，不同的學者就其注意的焦點不同，提出的重要原則架構也有相同及相異的看法。焦點雖有不同，但都事關組織中許多人的共同福祉。過去不同的社會學者及管理學者，不少人指出激勵的原則，多數都很重要，列舉數套不同出處的激勵原則架構如下，其中有者很相似，也有較特殊者。

（一）蘇珊貝慈（Suzanne Bates, 1956-）提出的原則

蘇珊貝慈是一位美國著名的執行教練，傳播公司負責人，也是一位作者與專業演說家。她針對主管如何激勵員工提出八個原則。

1.懷抱目標與熱情

使個人目標與組織目標相結合，主管要能充滿熱情，樂於與人溝通。

2.明確傳達命令

主管與員工溝通時說出的話要真誠明白，使員工能清楚並信任。

3.了解可激勵員工的因素

主管或經理人要能了解可使員工真正高興或喜歡的誘因，不能用猜測。為了解真正誘因，必須設身處地去了解。

4.與員工建立個人的連結

經由經常互動接近而建立連結。

5.將談話重點放在員工身上

將員工視為主角，表示對員工的尊重，多了解其對工作的感受與意見。

6.讚賞、表揚與獎賞

多用正面的讚賞、表揚與獎賞，少用責備與懲罰更能得到員工部屬的喜歡，而受到激勵。

7.言出必行

言出必行才能言而有信，也才能獲得員工的信任與支持，並激發高昂的士氣與團結的精神。

8.授權員工

經授權可使員工有表現能力的機會，使其有成就感而獲得鼓勵。

（二）陳生民（1957-）提出的原則

　　國內一位經營管理的實踐人士陳生民（1957-）對激勵原則提出六要項：1.工作與部屬的動機相連結，2.建立雙方均能認同及明確的目標，3.掌握部屬的能力與意願，4.了解部屬的需求層級，5.掌握激勵的時效性，6.激勵部門內認同的行為。

（三）其他原則

　　另有學者將原則用較簡潔的標題指出下列八項：1.目標結合原則，2.物質激勵和精神激勵相結合的原則，3.引導性原則，4.合理性原則，5.明確性原則，6.時效性原則，7.正激勵與負激勵相結合的原則，8.按需要激勵原則。

　　比較上列三套激勵的原則，要點都甚接近，要能有效激勵員工或他人為組織或團體盡力貢獻，則激勵要能與組織目標相結合，也要能符合心理感受與需求。要激勵他人的主管必須了解員工且與其建立良好關係，激勵的辦法也要合理、確實、誠信，並在適合時機使用，也應使用較正面的鼓勵。能掌握這些重要的原則，激勵的成效便能較佳。

第三節　激勵動機的方法

　　過去心理學家有關動機研究的成果很多，管理學家對於運用動機的見解也有不少，其中也不乏有關激勵動機方法的探討。本章前節所論述的激勵的原則，指包含較基礎性（fundamental）、較主要性（primary）、較一般性（general）、較公然性（professed）等的激勵行動的法則（rule of motivating action or conduct）。而本節所指的激勵動機的方法是指激勵動機的較具體確定（definite）、有秩序（orderly）、合乎邏輯的

（logical）、系統的（systematic）、工作過程（doing procedue）或技術的（technique）。在這一節針對激勵動機的方法將系統邏輯分成三方面說明，即間接激勵、直接激勵，及接受團體動機等三套方法。

一、間接激勵方法

此種激勵的方法是由改善環境條件，使團體或組織分子能自動自發自我激勵的動機。組織環境分為內部及外部兩種，組織較有把握改善的環境是內部環境，這類環境包括物理環境、心理環境、經濟環境、社會環境、文化環境等。改善的方法包括消極的防止或減輕妨礙性或破壞性的因素或條件，以及積極的創造優良、有利的環境條件。在物理環境方面的改善，包括清潔、明亮、通風、美化等。在心理環境方面，則使工作人員能安心、舒適、快樂及高昂的歸屬感與士氣。在經濟環境方面，則求能穩定成長繁榮，並有合理待遇與報酬。在社會環境方面，能有融洽的人群關係，遵守組織規範與秩序。在文化環境方面，則能建立並實施良好的規章制度及價值觀念等。

組織各方面的環境條件良好，自然能吸引員工願意長留久安，工作動機必然也會高昂良好。要能建立與創造良好的組織環境條件，管理者要很努力，也要細心觀察研究並行動，發現有毛病與問題就要改進。從外界得到良好的榜樣，就要設法引進應用。管理者用心，組織內部環境的改善就有希望。組織內部環境改善很有助於組織分子自動激發動機。

二、直接激勵方法

（一）激勵的重要面向或目標

一般組織的成員或部屬重要的動機約有幾大方面，一是工作動機，二是賺錢謀生的動機，三是成就的動機。就這三大方面動機的性質扼要述說如下。

1.工作動機

人為生活都需要工作，也即都有工作動機。無工作時需要有工作，有工作時需要工作能符合興趣與才能。工作環境要良好，待遇也能滿意。

2.賺錢動機

金錢是最重要的生活工具，多數的人賺錢的途徑都由工作換來，賺錢的關鍵要素在於數量，包括賺得的總量、單位時間內能賺的總量，以及為賺等量的錢付出的辛苦程度等。個人對於這些有關賺錢的要素都希望能賺得的總量要多，花較少時間，付出較少辛苦與成本。

3.成就動機

成就動機是指一個人具有完成有價值工作的驅使力。每個人的成就動機都不同，有的強，有的弱。不同的人價值觀不同，認為有價值的對象與目標也各不同，有的人認為賺錢最有價值，有的人認為最重要的價值在服務社會。有強大成就動機的人，對自己會較認真鞭策，對社會也有較多期許。

（二）激勵方法

對於達成三種人生重要動機的激勵方法有相通之處，也各有特殊之處。就對三種動機的激勵方法述其要點如下。

1.激勵工作動機的方法

要能激勵工作動機，獲得工作機會且是適合志趣與才能的工

作，則重要激勵的方法是經由努力學習磨練與選擇，獲得符合專業工作的知識與技能，以便獲得適當的工作。學習的過程包括在教育機關接受正式教育，或在補習機構由補習實習獲得必要的知識與技能。

2.激勵賺錢動機的方法

社會上較有賺錢本事的人，常是學會做事業與生意者，也有因具有專業技能而能獲得高薪聘僱者。激勵的力量主要來自兩方面，一方面是本人自我覺醒與努力，另一方面則經由他人的催促或鞭策。由接受聘僱獲得薪資有多有少，但較有一定的限度，自己做事業與生意，賺錢較能不可限量。培養兩種能力的方法也不相同。

3.激勵成就動機的方法

激勵成就的方法也有兩大項，一項是要自己努力，另一項是要他人的鼓勵與催促。

美國哈佛大學者麥克利蘭（David, C. McClelland）教授提出了成就理論。他的理論認為成就需求者為三個主要特點，即 1.具有成就需求，包括喜歡設立挑戰性目標，選擇目標時會迴避過分的難度，以及對工作的勝任感和成功有強烈的需求。2.具有權力需求，也即影響或控制他人且不受他人控制的要求。3.親和需求，也即建立友好親密人際關係的需求。這個理論結合工作需求與工作績效的關係。他認為高成就需求者，喜歡獨立負責，能從環境中獲得較高的激勵，自我控制力也較高，成就的機會也較大。

三、接受團體動機的方法

這種激勵的方法是由組織交付任務給團體中的分子，要求團體分子完成任務，達成團體目標，也表示團體分子向團體效忠並愛護團體。這種激勵的方法有鼓勵但也有些強制性。由團體交付的任

務或目標若與團體分子個人的目標相對一致，則此種任務的交付與下達具有鼓舞作用與意義，但如果交付或下達的任務或目標，不合團體分子個人所願，便有如命令，也有強迫的性質。

士兵接到上級交付殺敵的任務或目標，多數有些無奈，是很不得已，因為危險性很高，自己也有可能被殺死。但有些特別愛國的狂熱士兵也許另有想法，以為這是一種光榮的使命，是報效國家，為國家盡忠的好機會。如果士兵的動機覺得是一種難得的機會，接到命令就會興奮。如果心理上覺得很不得已，若不是因害怕抗命不從會得死罪，就需要有強而有力的獎勵動機，才肯向前衝峰陷陣，這些足以激勵其願意冒險或獻身的方法可能包括升官、高額撫恤其遺族等。

近來有些私立大學為宣傳學校的優越條件，有者不惜提供高額獎學金吸引達到某特定水準的高中畢業生挑選成為其選讀學校的第一志願，這也是以提供特殊的方法激勵團體分子動機，也能符合團體動機，並且是有助團體達成目標的有效方法。

第四節　管理者對動機的運用

組織的管理者激勵組織分子的主要目標是其動機，組織激勵分子的動機後，必須對其動機要知所應用，並能善加運用，才不會白費激勵的氣力。至於組織管理者如何運用組織分子的動機，重要的運用法則或策略有下列數項。

一、結合個人的動機與團體或組織的動機

組織或團體包含許多數量的分子，每個分子都有其個別的動機，其間動機的差異可能很大，也可能與組織或團體的動機有差

異。為使不因個人的動機差異致使與團體的動機發生矛盾與衝突，必要將兩者加以結合，使個人的動機與團體的動機能有較高的一致性。當個人滿足動機時，也能滿足團體的動機。使個人與團體都處於雙贏的態勢，可說是管理者運用動機的最高境界。

二、將組織的動機化解為組織目標

管理者為了組織而不得不也關心個別分子的動機。關心組織動機的要點在能將組織的動機化解成組織的目標。組織的動機反映組織想要做什麼，將之化解成組織的目標後，變成組織切實努力或企圖要達成的標的，需要所有組織分子共同努力去達成或實現。將組織動機化成目標，組織分子就有具體的事情可做，必要達成具體的目標，不至於在未變成自己目標前，隨組織的想法而胡思亂想。

三、依目標展開行動

行動的內容是針對要達成目標並實現動機。能實現動機，才不會白白激勵，實現動機必能獲得所要的結果，可使人滿意。

個人會有行動必先相信只要努力行動，必能合理達到所要目標的可能性。但行動與實現動機與達到所要目標的關係則受個人的能力及角色的認知（role perceptions）所影響，也即受個人如何作為的期望所影響。如個人有良好的知識與技能，又能正確引導並改善行動，便可獲得不錯的報償，否則行動不容易獲得良好結果。

行動所得到的報酬包含挑戰性及享受的工作，以及盡到責任，並得到自我尊重的快樂感覺。也可從中得到實質的所得、獎賞，及他人的尊敬。

四、動機再激發

當一個動機實現之後，人會依照實現後的結果再激發形成另一新的動機。包括產生新的需要、欲望、價值與期望。在形成新動機時也必經認識（cognition）的心理過程。從先前經過行動完成目標實現動機的經驗，認識下一動機的形式內容及實現的目標，以及需要再努力實現的方法與程度等，便可使其心理動機形成要再達成的新目標。

第五節　影響動機因素的理論

要能有效激勵動機很有必要了解影響動機的因素。心理學家及社會學家分別指出重要因素可包含兩大類，一類是個人內部因素，另一類是個人的外在因素，也是組織因素。兩大類又各包含數項小類的影響因素，分別說明如下。

一、個人內部的因素

動機的個人內部因素約可再分成三小項，即需要（needs）、興趣（interests）及態度（attitudes）。就三小類因素的性質再分別作較詳細說明如下。

（一）需要的因素

需要是指人的生理及心理欲望，常將滿足欲望當為努力的目標。心理學家馬斯洛（Abraham Maslow）指出人有五種需要，由下往上依次是：1.以生理性的需要當為最底層，重要者有食物、用水及空氣。2.安全的需要，包括獲得安全，保護避免傷害。3.社會性的需要，包括被接受並得到友情。4.自我尊重，感到自己有價

值。5.自我實現，自己有改變的能力。麥克立琳（McCleland）指出組織提供個人三種需要，即對權力的需要、成就的需要及歸屬的需要。他進一步發現人還有更高階的成就需要，即是責任、冒險及回饋等的需要。

（二）興趣的因素

人因有興趣而有動機，組織也因有特定興趣而成為工作的動機。興趣是人或組織所喜歡擁有，也是想獲得者，有興趣作為前提，動機就不難形成。喜歡觀看各地風景及民情的人，就會有旅遊的動機。喜歡出風頭的人，就有成為名人的動機。

（三）態度的因素

態度是對事物的正反看法，對事物有正向態度就會努力去工作，並將之當為目標去完成。反之，對事物若持負面態度，就缺乏經由努力獲得的動機，也缺乏工作並當為目標的動機。

二、外在團體因素

可能影響個人動機的因素，除個人內部之外，另一類重要者是外在團體因素。賀柏（Fredrick Herverg, 1959）提出二元因素論（two-factor theory）或動機─保健二因素理論（motivation-hygiene theory）。他的二元因素是指積極的激勵因素及消極的保健防病因素。激勵因素包括成就、賞識、挑戰、責任、成長與發展機會等因素，後者如預防疾病，包括公司政策、管理措施、監督、人際關係、物質工作條件、工資、福利等因素，其影響是當因素好時，只能消除不滿意，卻不能導致積極的激勵。這種保健因素對於激勵動機的影響可說成事不足、敗事有餘。

三、其他影響動機的因素

從管理的觀點看影響動機的因素，除了本節在前面所舉的兩大類外，尚有兩項重要者，即是履行反饋（performance feedback）及履行目標（performance goals）。前者提供行為者一些錯誤的資訊，使其改正，達成更高的成就目標。後者是設定目標，使個人努力去追求完成。更明白的說，前者因素可說是一種反省因素，後一種可說是目標因素，都對動機有激勵的影響與作用。

第六節　一般企業報償的激勵方案與問題

一、企業與其員工都以營利為主要目標

企業組織是資本主義國家最多數的組織體，這種組織都以營利為主要目標。企業中的員工為組織工作也以能獲得實質的工資報償或其他經濟利益為主要目標。因此企業組織最常使用也最有效激勵員工工作動機的方法是，提供工資等實質價值的報償。本節提出一般企業最常用的激勵員工工作動機的報償方案，並檢討其激勵成效。

二、給付工資的方案

管理者給付員工工資的標準常用員工的績效作為計算的依據，且都以金額直接給付。給付的期間以月計最為常見，但也有以每週或每兩週給付的情形。

給付工資時通常也依照幾個重要原則進行，（一）通貨給付原則：最常使用國家通行的貨幣給付，也有付給外幣的情形。（二）全額給付原則：不得任意扣抵，但另有契約約定者不在此

限。（三）直接給付原則：指直接給付員工，不得由他人代領。
（四）定期給付原則：按約定的時間給付，不得遲延。

三、給付紅利方案

　　許多企業組織付給股東或員工紅利當為報償，也有激勵股東
投資及員工努力工作的作用。紅利的英文為 bonus，發給股東的紅
利主要以持股比例為計算依據，發給員工的紅利常看其業績的表現
而定。紅利發給的數目常不一定，因為每年組織或公司營利的數目
不同，扣去公積金、公益金、優先股的股息，剩餘的盈利每年會有
變化，因此分配給股東或員工的紅利會有不同。

四、利潤分配的方案

　　利潤分成兩種，一種是經濟利潤（economic profit），是總
收入扣去總成本的餘額，其中的總成本包括直接成本與機會成本。
另一種是正常利潤（normal profit），是指付給企業投資的報
酬。正常利潤都為正數，但當企業經營失敗時，也可能成為負數，
表示企業無利可圖，有可能關門大吉。企業經營者為了獲得利潤，
常會有不當經營技倆出現，如壓低工資、使用低品質原料，或忽視
對污染廢水及廢棄物的處理等，常會造成社會的損失。

五、分紅分股方案

　　有些公司分給員工或股東的紅利是股票。當公司經營績效良
好，股票的價值提升，員工與股東的分紅看好。反之當公司經營績
效不良，盈利不佳時，股票也不值錢，股東與員工分得股票的實質
利益也不看好。但以分股方式發給分紅，具有激勵員工成為股東的

效果，使其能因本身也是股東而對公司的工作較為賣力。

六、知識給付

　　能因具備知識而接受利益給付者，有幾種人，有知識的管理者、公司的顧問，及因握有關鍵知識或技術的特殊股東，公司或企業常會支付額外的報酬，如付給有技術者乾股的權利。

　　上列各種不同的給付，都可使接受者獲得實質的報酬或利益，因而能有激勵動機，以及認同與愛護企業組織的功效。

七、給付報酬可能產生的問題

　　員工或股東為企業或公司組織工作效勞而得到的酬報，多半都能感到滿意。但給付工資、紅利、票股等報酬的方式也引起一些問題，重要的問題會有幾項，（一）給付偏低不公。不少企業為使股東或雇主獲得較多利潤，常會壓低員工的工資，造成給付不公。（二）給付股票常有變成廢紙的遺憾。不少經營不善、誠信不足的企業，常用股票抵現金，給付員工當為工資或分紅，其實質價值常會偏低，致使員工無利可得。（三）雇主付給眾多員工的年資或薪資未能按其績效為準則，常受雇主的偏好所左右，很容易引起員工的不平。（四）不按時給付工資以及拖欠工資，不給退休金或遣散費的問題。此種問題曾見於最近經常發生不預警的關廠現象，會引起員工的紛爭與抗議，成為給付激勵的最大諷刺。

第十章　溝通

第一節　溝通的意義、原因與在管理上的必要性

一、意義

　　溝通一詞的英文是 communication，是指使用各種方法與技術作跨越地區或時間作有用的訊息交換活動。此種訊息交換包含三項要素，一是送出或傳達訊息之人，二是訊息，三是訊息的接受者。溝通可能是單向的，也可能是雙向的，經過溝通，接受者便能了解與分享傳送者送出的訊息。

　　任何溝通都經過三個步驟，第一是傳送者先形成思想，包括所要傳送的觀念、消息、感覺等。第二是注入記號，包括文字、語言或符號、密碼等。第三是解讀或解碼，使其能了解傳送記號的意思。經了解而有接受或拒絕的結果或回響。

　　溝通的形式有多種，包括言詞的及非言詞的，前者包括言語與文字，後者包括肢體動作，如手勢、眼神、表情等，非言詞可能用圖案、照片、音樂或其他媒介。

二、原因

　　人活在世界上必要與他人溝通，最基本的原因或理由是要過社會生活，缺乏與他人或與外界溝通，處境孤立，會成為與世隔絕的人。在社會與組織中人與人之間需要相互溝通還有下列幾項重要原因。

（一）組織或社會分子數量很多

每個人的想法、觀念、意見與目的各不相同，非常分化與複雜，很不一致，也容易起紛爭與衝突，因而需要溝通，彼此了解，消除紛爭與衝突，才能過較和平的組織與社會生活。

（二）組織內外部都要應對故需要溝通

組織需要應對的事項很多，對內需要蒐集不同的想法、觀念、意見與目的，調解歧異，促成整合，使團體能較一致行動。對外則需要了解競爭、衝突與威脅的處境，把握幫助或合作的資源，而需要與人溝通，化解困境，並尋找與獲得機會。

（三）為能實現目標或理想而需要溝通

組織整體或組織中的個人有目標與理想要實現時，常非僅由個人努力即能達成，常需要有其他人搭配或相助，這種搭配或相助的力量要能獲得，也常必要經過溝通，取得其了解與同意，而願意協力相挺相助。

（四）為能提高動機

動機是行為與行動力量的重要來源，為使人有達成目標及努力工作的動機，常需要經由溝通激勵，才能獲得與提高。組織領袖或管理者經由與部屬溝通而能提升部屬為組織盡力貢獻的動機。

三、在管理上的必要性

在管理上常需要動用溝通的行為過程，因有下列幾項更具體的必要性。

（一）溝通可以提供資訊

從溝通的意義知道溝通包含的三要素中有一要項是訊息，也

即是資訊。公司行號要與其他商家買賣或做生意，必須講究物品的性質、價格與交貨的時間等重要資訊。公司或機關的主管要部屬工作做事，也必要清楚交代任務。反過來部屬對上司要請求、建議或請假也都要說明內容或條件。同事之間要相互幫忙合作，也都要把狀況說明清楚，將條件開出來。這些內容、狀況或條件等都是資訊，有溝通才能提供這些資訊，也為了要提供、傳達或交換資訊，才需要溝通，包括用口頭、文書或媒介等方法。

（二）培養組織的有利態度

組織向分子展開溝通的另一必要性是培養或促進組織分子對組織的有利態度。從溝通的過程中，促進分子對組織的了解、支持、好感與忠誠的心理態度。如果未加溝通，可能會因不知或誤解而未能對事務有好感與支持，也未能對組織有利。

（三）促進協調、績效與工作滿意度

協調是績效與工作滿意度的先決條件或要素，組織必須內部員工或分子的關係與任務能有良好的協調，才能同心協力，共同為組織做出好的績效，員工本身也能獲得好的成就與報償而提升工作滿意度。對工作能滿意也才會繼續努力工作。

但組織分子之間要能有和諧的關係，常需要經過協調，增加彼此的體諒與同情，也可調整每個人的工作任務，使其能較愉快工作，也較能發揮專長與才能，得到較佳的工作績效。協調時常需要做好接軌的工作，使必要接觸連結卻未建立的關係能建立起來，建立錯誤者能加以調整修正，都能使關係變好，結構變好，功能也變好。

（四）溝通可使組織分子調整與改變角色與行為，避免歪曲與錯誤，達成整合

在溝通的過程中可較充分了解組織分子的角色與任務，發現不合適時，將之調整與改變，使其能表現出較自在自信、較合適的行為。避免歪曲與錯誤的行為表現，對本人及組織整體都是好事，可將角色扮演得更好，為自己及組織創造更佳的績效。

（五）強化控制

溝通也是一種很重要的控制方法與過程，經由溝通說明組織設立各種規定的合理性與必要性，可增加組織分子遵守規定的認知與信念，減少違反組織規範，增加控制的效果。

對於已經違反組織規定的分子，經由使用溝通方法，使其了解錯誤，必要改正，且不再犯錯，都是必要的控制方法。經由溝通，減少犯錯，都能減少組織的損失，健全組織的運作與生存。

（六）增加滿足

溝通可使組織分子體會上司對其關心，可能使其減少錯誤，增加好處。溝通也可使組織分子與同事及上司部屬等改善關係，發展成和諧的工作夥伴，使組織分子每日能在和平融洽、氣氛良好的環境中工作與生活，心理必能滿足。組織員工經由溝通而增加滿足，也經由溝通過程中調整與改善工作角色與任務，獲得較良好的工作績效，也能得到較好的報酬。

因為溝通在組織的管理上有許多好處，組織的管理者必要做好這種管理工作。組織分子也要自我努力，與其他的人相互溝通建立良好的關係，使自己及他人都能獲得好處。

第二節　溝通的時機

　　溝通的適合時機可從各種角度來探討，從消極的方面看，是不在溝通不易或容易產生反效果的時候進行。從積極的方面看，則溝通要在迫切需要的時機進行，做了可立刻解決問題，產生良好的效果。綜合消極及積極兩大方面的看法，也參照過去人類可貴的經驗，各列舉幾點曾經被認為重要且值得參考的重要溝通時機如下。

一、消極不該溝通的時機

　　溝通雖然重要，但時機不對不但無效，反而會有反作用，因此要運用溝通的管理方法，必要了解不該溝通的時機，避免無效或反作用，將這種時機歸納成下列幾項。

（一）溝通的條件不良會有障礙時

　　這種時機包括認知微弱，雙方對訊息的理解有不一致的問題時、互信程度低時、傾聽的技術欠佳時、雙方地位不對等時，以及大環境不允許時。在這些情形下，溝通的進行會有障礙，少有效果，不如不進行溝通。

（二）溝通無濟於事時

　　溝通總是要有目的當為目標或前提，例如會減低誤解或敵視，但當確知溝通於事無補，甚至會有反作用時，不如不溝通。

（三）溝通成本過高，得不償失時

　　當溝通的雙方認為或發現進行溝通所要花費的成本太高，包括經濟的及非經濟的成本都太高時，覺得溝通得不償失，不如不去理會，才較理性。

二、積極必須溝通的時刻

從積極必須溝通的時機方面思考，則在幾種重要時刻都必要溝通，否則會有損失，也不智。

（一）三種關鍵時刻理論

日本精通研究專案桑原晃彌指出溝通不能錯過適當時機進行，否則就全無意義。他指出稱讚、斥責及道歉是人類三種重要溝通方式，而此三種溝通的關鍵時刻分別是 1.祝福要在當場傳達，2.道歉要在事發當天，3.注意要比期限還早。這三個關鍵時刻是指要稱讚別人的成就要當場傳達，給人誠意的感覺。在做錯事當天給人道歉，便能及早取得原諒。快速讓人知道你已注意到要事，可獲得他人的信賴。

（二）當組織發生衝突糾紛時

組織有衝突時需要化解與緩和，有效的方法是經過溝通，不溝通會使事態擴大，就更難加以平息，可能導致組織分裂。

（三）當組織需要團結一致行動時

未互相溝通之前，組織內各分子的思想行為會很分歧混亂，經由溝通能化解部份歧見，達成一致，促成團結。

第三節　溝通的原則與方法

一、原則

過去溝通專家提過不少溝通的原則性概念，在此指出前人提出的溝通原則，都有助對本問題的了解。

（一）七 C 原則

這是由美國公共關係專家特立普森特所提的七個原則，都用 C 開頭的英文字寫成，故也稱七 C 原則。七 C 即是 credibility（可信賴性）、context（一致性）、content（內容可接受性）、clarity（表達明確性）、channels（管道多樣性）、continuity and consistency（持續性與連貫性）、capability of audience（接受者的多樣性）。上列七項原則涵蓋傳播溝通的重要方面或環節，具有重要的指導作用。

（二）卡內基九原則

卡內基（Dale Carnegie, 1888-1955）用自身的經驗提出九個人際溝通的原則，即是 1.不批評、不責備、不抱怨，2.給予真誠的讚賞和感謝，3.引發他人心中的渴望，4.真誠地關心他人，5.經常微笑，6.記得他人的名字，7.聆聽並鼓勵他人多談自己的事，8.談論他人感興趣的話題，9.衷心讓別人覺得他很重要。

（三）趙永祥提出的十五原則

趙永祥在網路上提出十五項溝通原則，是指 1.講出來，2.不批評、不責備、不抱怨、不攻擊、不說教，3.互相尊重，4.絕不口出惡言，5.不說不該說的話，6.情緒中不要溝通，尤其是不能夠做決定時，不要溝通，7.理性的溝通，不理性不要溝通，8.覺知，9.承認我錯了，10.說對不起！11.讓奇蹟發生，12.愛，13.等待轉機，14.耐心，15.智慧。

上列三套原則用詞不同，但說法都有其適當性，對於溝通都具有原則性的指導意義。不少重要的溝通方法都受原則的指導與啟發而成。

二、方法

　　前面所提的溝通原則已有不少，溝通的方法種類更多，不同的專家都從不同方面著眼，至目前已常被談論的溝通方法有從溝通目的、溝通內容、溝通形式、溝通時間上分類者，也有從溝通的媒介物分類等。就此五方面較細緻溝通方法的名稱，列舉如下。

（一）就溝通的目的分

　　此類的方法共有衝突化解法、導引式溝通法、評審中心法、勸導法、疏浚溝通法、說服溝通法等。

（二）就溝通的內容分

　　商業溝通、政治溝通、教育溝通、社會溝通、社區事務溝通，及業務說明溝通等。

（三）從溝通的形式分

　　這方面的溝通方法共有訪談法、連絡法、會談對話法、鏈式溝通法、輪式溝通法、單向溝通法、雙向溝通法。

（四）就溝通的時間分

　　先前說明溝通，事後絕對溝通，中間監督溝通，計時計分訪談溝通等。

（五）就溝通的媒介物分

　　就這方面看，溝通的分類計有提供書本或其他讀物，在傳播媒體上宣示與討論、講課說明、開會討論、發給傳單、電話、網路、幻燈片、簡報資料等。

第四節　溝通的內容、符號與通路

一、內容

　　溝通內容是整個溝通事務的重心，經由溝通的內容傳達溝通的意義，也決定溝通的目的。溝通內容會有千變萬化，但重要的性質約可歸納成三大類：（一）訊息，（二）事實，（三）意見。就此三大方面的溝通內容進一步說明如下。

（一）訊息（information）

　　訊息是指要傳達的知識或資料，知識包含真實的物件以及抽象的概念，經由觀察者而成為知識。但資料則不必要有應對的觀察者，很自然地存在著。

　　溝通的信息除了傳達表面可見的訊息本身外，也可能包含其背後隱藏的相關原因或後果。訊息可用各種不同方法表達、解釋或儲藏，如用文字、照相、音樂等表達。訊息常具有不確定性，不確定的程度依其發生的或然率多少而定，發生或然率越高者表示越不確定。訊息的概念除了關係知識與資料，也常關係心理狀態及物件的性質等。

（二）事實（fact）

　　溝通中的事實內容是指真實存在或發生的事件。是可具體陳述，也可在經驗中示範與獲得者。科學的事實常經過再三的小心驗證才能成立。每一種事實都有具體標準的條件與性質。溝通的內容除了訊息也常包括事實，使溝通的雙方對於事件的事實有清楚的認知，從中求得必要的認同，包括對事實的認可或拒絕。

（三）意見（opinion）

　　意見是指一種判斷、觀點，或對事件的主觀認定，常是對事

實的一種情感或解釋的結果。意見與事實有密切的關係，但不相同，事實的真相只有一個，但對事實的意見則有許多不同。不同的人常為事實的不同看法而表示不同意見，甚至會有嚴重的爭吵。意見的形成常來自對事物的認識了解、感覺、信仰或欲望。由許多人形成的集體意見或專業意見可看為是具有較高標準的意見。

　　在溝通的過程中希望要傳達不同的意見，且對嚴重分歧與衝突的意見作協調，使能較為一致與整合，提升組織的成效。

二、符號（symbols）

　　溝通常需要使用各種符號作為媒介，目的在能簡便並適當傳遞訊息、事實與意見。重要的溝通符號有文字、語言、圖畫、肢體動作及密碼等其他抽象符號。就這些符號的重要特質及在溝通上應注意的要點扼要說明如下。

（一）文字（literary words）

　　文字是湊合許多單字，用來討論、分辨、批評事物的符號。古今中外，人類發明許多種類的文字，分別使用在不同的時代及不同的國家。英文、中文、西班牙文、德文是相對較多世人所使用的文字。人類在溝通過程中最常用的一種符號就是文字。此種符號被使用最多，因有幾項重要的優點，傳達的信息密度大，用量多，表達的意思精確，不容易產生歧義，可保存長久時間，使用起來可簡可繁，可深可淺。因有這些優點，也被人類普遍使用，因此人類自小就被教育學習文字。

（二）語言（languages）

　　語言是人類可用為溝通的較複雜系統或工具，也是一種符號。世界上存在的語言種類比文字還多，共約有 5000 到 7000 種

之間。為適用較複雜的溝通，語言常要設定一些規則，包括音調音符、聲音大小、語詞的組合等，人需要經由學習，才能正確使用語言與他人溝通。

　　用語言當為溝通的工具，具有幾項優點或好處，即 1.效率高，脫口而出，可立即傳達，2.靈活，可在口中作快速多樣的變化，表達多種意思，3.功能豐富，可用為宣示思想觀念，可用為與人互動，表達感情等，4.表達力強，用語言可表達喜怒哀樂的情感，及簡單的觀念或複雜的思想。善用語言的人其力量常勝過大刀武器，5.較高的移植性。語言可經翻譯給不同人群，也可移植成文字，或經錄音播放而改變其可存在的時間或地點。因有這些優點或長處，語言當為溝通工具能符合溝通的普及性，並不亞於文字。

（三）圖畫

　　圖畫常被當為藝術品欣賞，但也可當為溝通的符號。用為後者未能像文字與語言那麼具體精準，較為抽象，也較為費解。但卻也較為含蓄、隱私、機密，也較為安全。許多事用文字或語言溝通會較露骨。較擔心外洩的機密訊息可改用圖畫當為媒介，可得到較能保密的效果。

（四）肢體動作

　　肢體動作是使用身體運動或動作，常具有輔助聲音口頭語言或其他交流與溝通方式，故也常有肢體語言的說法。這種溝通的方法在面對大團體時尤其具有意想不到的效果。肢體語言十足的演講者都會有吸引觀眾興趣的魅力，使聽眾不感覺單調枯燥。

（五）抽象符號

　　此類溝通符號或工具包含密碼與解碼，需要經過解讀才能了解其意義與目的。近來使用電腦網路的溝通技術常配合許多密碼的

變換，有助於溝通內容的快速與靈巧傳遞，卻要先學會傳送與接受
的轉換技術。

三、通路

溝通的過程都要經過通路，也稱為管道，管道暢通則溝通容
易進行，若不暢通便會受到阻塞。將有關溝通通路或管道的若干重
要特性列舉說明如下。

（一）不同的符號通路不同

文字溝通的通路最常用公文、書信、報章、雜誌等通路。語
言的通路最多是電話、當面或錄音等通路。圖畫溝通的通路有用展
覽或郵寄等。肢體溝通必須經過人體的動作，抽象符號的溝通常用
電腦、手機，及視聽器材。

（二）中間媒介有多種

前面數項使用不同溝通符號的通路也都是媒介。今日最具溝
通威力與效能的中間媒介物以大眾傳播媒體最為重要，包括電視、
報紙、網路及書籍雜誌等。

（三）最終都為接受者

不論溝通的方式為何，最終都為接受者，可能是一人或眾
人。

（四）通路可分為正式與非正式兩種

正式的通路是指規定的，常分為垂直的溝通及水平的溝通兩
種。前者是指上級與下屬之間的溝通，由上對下常用命令或指導，
由下往上則常用報告或陳情。

非正式的通路是指超越正式的部門、層級或單位，彈性較

大。可以是垂直的，也可以是水平的。可私下進行，不留證據，也可不負責任。這種溝通雖然較方便，但也較危險，容易歪曲，錯誤與受操控，或滲進謠言。此種非正式的溝通有多種不同類別，包括集體連鎖、密碼連鎖、機遇連鎖、單線連鎖等。

　　非正式的溝通管道常深根蒂固存在於團體之中，對個別分子的思想行為影響甚深。常為管理上帶來麻煩與問題，管理者應密切加以注意，避免使其僭越正式的溝通管道，對組織造成傷害。若能善加運用，也常有助增進管理的效果。

（五）完整的溝通管道與路程

　　包括發訊者、編碼與解碼、通路或媒介、回應或噪音，及接受等。

第五節　溝通的障礙與促進方法

一、兩種重要障礙

　　溝通的障礙會導致溝通不良，妨礙管理的成效，管理者必要設法消除。為能有效消除，有必要先了解其性質。一般溝通的障礙可分兩大類，一類是個人方面的問題或障礙，另一類是組織的問題或障礙。

（一）個人的問題或障礙

　　個人的問題或障礙常與態度、技術及認知等有關，有的發生在溝通的啟動者或進出者，也有的則發生在接受者方面。此類的重要障礙約包括出如下數小類。

　　1.認知上的缺陷

　　有人對於事務的認知常有先入為主的刻板印象，很難溝通與

改變。這種人在認知上常很頑固不化。

2.語言差異

因為語言背景不同，對文字與語言的理解不同，很容易造成溝通上的誤解，或感受上的不同，都有礙溝通繼續進行。

3.言而無信，資訊歪曲

溝通者若有不可信的言行，使對方失去信任，則常會在溝通的訊息中暗藏玄機或祕密，破壞溝通的信任系統，致使溝通中斷。

4.情緒干擾

溝通者若在語氣、口吻或文字上因受情緒影響，而有不禮貌、不客氣或不誠懇的表現，都會嚴重妨礙溝通的進行。

5.無耐心聽講

如果接受溝通的人無耐心聽講溝通內容，或只搶著說話，不聽別人反應，都是很敗筆的溝通行為表現，對溝通都會造成傷害。

6.主僕關係

溝通者之間一方有絕對權威，可壓倒對方時，溝通常很難進行。在下者不敢表達，在上者常會以高姿態表示權威或命令，都有礙正常的溝通。

（二）組織的問題或障礙

溝通的問題或障礙也常發生在組織方面，重要的組織方面的問題與障礙有下列四項。

1.溝通網路中斷

造成網路中斷的因素很多，包括物理機械的斷電、斷線及人為因素存心而斷，或無意疏忽造成。

2.資訊超載

資訊超載致使通路消化不了，以致阻塞。超載的資訊常是為了解決不確定性所引發的問題，致使管理者混亂或誤用訊息。

3.組織文化上的問題

如文化過於閉鎖、表面、不務實，致使溝通損失有價值生產性的資料與訊息。

4.本位主義

組織中的不同部門會因本位主義而有私心與成見，造成溝通上的偏差。

二、促進溝通的方法

要消除溝通的障礙有時很不容易，但若能細心處理，選用正確的方法，對促進的效果會有很大的幫助，如下所列是幾項重要的促進溝通的方法。

（一）選擇適當的溝通管道或途徑

可用的溝通管道很多，但因時、因地、因人、因事而有不同，可用的表面、語言、媒體等不同管道與途徑，效果也會不同。

（二）選擇適當的溝通性質

溝通的性質會有傳達命令、給予資訊、表示意見等不同目的與性質，要能作正確的傳達溝通，才能達成預期的目的。溝通的性質也涉及使用資源的種類與效果，都要作適當的選擇。

（三）選擇適當的溝通人員

組織中不同的人溝通的才能各有不同，有人很擅長，應被選為良好溝通人才。其中有人擅長目的取向，可不擇手段達成溝通目的。有人則堅守合法或某些特定的溝通方法，都要能妥善加以運用，才能得到良好結果。

擅長溝通的人，通常也是較能獲得他人信任，較具整合人際關係的人。

（四）慎選溝通的過程

適當的溝通過程包括進行的速度要恰當，要注重回饋效果，首先要能節省成本，建立明確的責任，使其能作有效的控制，並可使人接受等。

第十一章 領導

第一節 領導的意義、與管理的關係及重要性

一、意義

　　領導是指由影響他人行為以達到組織或群體目標所採取的行動。英文名稱為 leadership，也被指為是一個人可以加入幫助與支持其他人完成共同目標的一種社會影響過程。（leadership has been described as "a process of social influence in which a person can enlist the aid and support of others in accomplishment of a common task".）（Chemers M, 1997）從這些定義知領導也具有使人追隨，能導引及指示他人，乃至組織他人完成共同任務的社會影響能力。這種能力與領導者本身的能力與被領導者能否接受及回應有密切的關係。

二、與管理的關係

　　領導與管理有密切的關係，但不完全相同，可看為是管理的一環。管理的範圍較廣，除包括領導外，還包括本書前幾章所討論的決策、規劃、執行、控制、授權及激勵與溝通等。一般說來領導注重帶領心，管理重帶領術，領導能力主要來自領導者個人的能力與魅力，管理能力則主要來自角色與地位所賦予的權力。

三、領導的重要性

領導的重要性可從其重要功能見之，為能清楚看出其重要性或功能，將之逐條列舉如下。

（一）帶領團體思考與決策。

（二）可帶領團體確定價值與目標。

（三）為團體及成員提出遠見，發揮創造力。

（四）帶領群眾反抗與抵制腐化，如革命領袖的作為。

（五）提升執行力量，完成組織或團體的使命。

（六）建立組織或團體的關係網路，形成關係結構。

（七）激勵組織分子的動機與精神。

（八）安定民心，使大眾得到支持與依靠，獲得信心。

（九）提供行為準則，供為遵循。

（十）善於溝通協調，化解衝突危機。

（十一）變更與改善管理，促進組織的進步與發展。

上列的多種領導能力可能難為一個人所全有，但領導者必須至少有其中的一部份，越優秀的領導者，具有越多方面的領導力。

第二節　形成領導力的因素

領導力的因素造成領導力的來源。重要的因素可分成兩大類，即個人的因素及團體或組織的因素，本節將之再細分並加討論。

一、個人的因素

世界上有些人能成為偉大的領導者，但更多的人都未能變

成，因素可能很多，但就個人因素言，則個人特質（individual traits）是重要的因素。除了個人特質以外，其特殊行為及特殊境遇也都是其特別的個人因素。

（一）個人特質因素

個人的特質有其天生帶來的，也有於後天學習、培養與訓練得來的。重要的領袖特質包括表現在聰明才智、支配性、侵略性、判斷力、體重、身高、體形及個人的修飾等方面。

從個人在這些方面所具有的特質雖可預測其可能被選為領導者，卻很少能預測其為團體達成目標，故這種領導力的因素有逐漸少被重視的趨勢。

（二）特殊行為因素

具有某天生的特質，不一定表現出領導行為，但能表現領導行為者，必會被選成領導者。人的領導行為常從其與部屬的互動中表現出來。其行為表現主要受其信仰與價值所影響，重要的領導行為模式有兩種，一種以部屬為中心的領導（employee-centered leadership）。另一種是以工作為中心的領導（job-centered leadership）。這兩種領導行為的理念起因於對人性有善惡兩種不同表現的看法。

1.以部屬為中心的領導行為

此種領導行為是基於對人性本善的看法。對部屬感到興趣，支持他們卻不懲罰他們。這種領導行為重視友情、信任與情感。

2.以工作為中心的領導行為

這種領導行為重於對事，不重視對人。對人性的基本看法是有偷懶投機的惡劣本性，做不好事要受到懲罰。領導者也涉入對事情的工作中。這種領導重視使用規矩、溝通管道及工作方法。

以上兩種行為因素都各有助長其成為領導的作用。以人為中

心的領導行為，使部屬因為感激領導者的善待而自動自發，自我約
束，努力工作當為報答。以事為中心的領導行為也能收到有效帶領
與約束懶惰投機的部屬，不敢表現偷雞摸狗、混水摸魚。也因害怕
被懲罰而能努力工作，為組織或團體達成目標。

（三）特殊境遇

　　不同的人會有不同的境遇，僅有領袖特質但未能有合適的情
境與場合，未能有表現領導行為的機會，也難成為領導者。這些人
有的感嘆懷才不遇，有人抱怨時不我與，也有的人責怪上級有眼無
珠。但相反的有人卻因時勢造就其英勇表現，正中下懷的情境與機
會使他如魚得水，能充分發揮所長，或因時機成熟被拱為明星，獨
自發光。這些個人的特殊境遇與運氣也都是使其成為領導者的原
因。

二、團體或組織的因素

　　由於個人的特殊處境常因團體與組織的條件不同所造成，因
此團體或組織因素對領導的影響變得很重要。重要的團體或組織因
素約可有三項，即（一）組織的性質，（二）組織給領袖的任務或
目標，（三）領袖可影響部屬的權力。就這三種因素的特性及影響
說明如下。

（一）組織的性質

　　團體或組織的性質包括許多方面，組織中的個人特性、彼此
的互動、目標、文化等的性質不同，對領導都會有不同的影響。就
以應對組成分子個人特性的差異程度而言，領導方法就需要不同的
調整與不同的應對。有些組織的組成分子特質較相近，有些則相差
較大，一般對於分子特質差異較大的組織，領導方法也必要有較大

差異與較多變化。相反的，對於組成分子特質差異較少的組織，領導則可採取較相同的方法為之應對。更詳細的說，不同特性的組成分子，需求會不同，能力不同，領導者要能達成需求的目標不同，所要達成目標的方法也必要不同。對其他的特性差異，應對的領導方法也都要有所不同。

（二）組織目標的複雜與否

有些組織交給領導者要達成的目標相當複雜，有些目標則較單純，單純的目標常可事先做好習慣性的操作規則，領導者只要下令給部屬，就可照例進行。但是複雜的目標，變化多端，常會出現一些無例可循的新情況與新問題。需要領導者費心去思考解決的方法，領導功能必須要做很機動的調整，但時常不容易順利進行，以致會遭受部屬的抱怨與不滿。

（三）領導者的權力

權力是領導者可用為要求部屬遵行的有力工具、武器或力量。缺乏權力，領導者常很難執行職務，以致領導功能難以發揮，組織也難達成目標。

領導者的權力依其性質不同約可分成五種，即 1.強制性權力（coercive power），即可用為懲罰的權力，常會造成對方不高興。2.報酬性權力（reward power），即是可以給部屬酬報的權力，常能使人高興。3.合法的權力（legitimate power），即依組織的規定給領導者合法的高等地位及權力，這種權力是全社會都可接受的，4.專家權力（expert power），這是指具有專門知識與技能的權力，有這些知識與技能便可幫助他人，也可成為領導者。5.參考的權力（referent power），因個人特質具有可供他人仰慕、敬佩等的魅力。上列五種權力的前三項是來自組織，其餘兩項主要來自個人，但也在組織中運作。因有組織，有專業能力的人才

能展現，有魅力特質的人才能獲得他人的仰慕或敬佩。

第三節　領導理論

　　過去學者對於「領導」的研究極為用心，乃發展出不少理論性論述，其中有四個核心理論是：（一）特質理論：主要在探討何種人可成為好領袖。（二）行為理論：主要內容是好領導者會表現何種行為。（三）權變理論：要點在討論情境如何影響好領導。（四）權力影響理論：主要在探討領導者的權力來源。管理學者為能善於運用領導力的管理角色，也有必要對於各種領導理論的要點加以了解，本節將四種核心的領導理論要點以條舉方式加以說明，使讀者能更明瞭並留深刻印象。

一、特質理論（trait theory）

　　（一）此一理論強調有效的領導者必具有人格上的特質。早前強調領袖的特質常是天生具有，後來則逐漸朝向後天的發展形成。

　　（二）此一理論協助研究者指出若干重要的領導者人格特質，包括整合性、同情心、果斷、有好的決策技能，以及討人喜愛等性質。

　　（三）各種重要領袖的人格特質存於心中的信仰，也表現於外在行為。

二、行為理論（behavioral thory）

　　（一）此一理論的重點在強調領導者如何表現行為，包括其

需求與希望及其對他人的幫助等。

（二）在 1930 年代李文（Kurt Lewin）指出三種重要領導行為，即：

1.獨裁領導（autocratic leaders）：不與他人商量就做決策。

2.民主領導者（democratic leaders）：此種領導者容許團隊成員參與決策意見。

3.放任領導者（laissez-faire leaders）：此種領導者不干涉別人，准許團隊中的其他人做出許多決策。

（三）各種不同領導者的行為表現，在適當情況下都有其必要性與正確性。

三、權變理論（contingency theory）

（一）此種理論強調良好領導方式無絕對的正確性，依情勢而決定。

（二）良好的領導形態由預測情勢而判定。

（三）此種理論的重要理論家有赫塞及布蘭恰（Hersey-Blanchard）、豪舍（Hause）及費得勒（Fiedler）等。

四、權力影響理論（power and influence theory）

（一）此種理論的要點是將領導看為是權力的後果。

（二）佛蘭奇及達文（French and Raven）的五種權力形式（five forms of power）是最著名的理論。此五種權力包括三種地位權，即合法的、報償的及強制的；及兩種個人權力，即專業的及個人魅力的等。

（三）此理論強調專業者、權力是最佳成為領導權力的一

種。

五、其他的領導理論

前面所列舉的四種領導理論是較核心的理論，除了這四種理論以外，其他的領導理論還有不少，本節將另外的這六種理論一併包含在四種核心理論之外的第五類理論中。

（一）功能理論（functional theory）

此一理論是指組織的領導者必須是對組織能盡功能之人，其必要的功能是能照顧組織的需要，其他重要功能還包括為組織監督環境、照顧組織分子的活動、教育部屬、激勵他人的動機，或干預他人的工作等。從大處著眼，組織中的領導者有兩項重要功能，一種能孕育有效的關係，另一種是能為組織完成任務。

（二）整合心理論（integrated psychological theory）

這是指一種可整合各種老理論長處的理論。領導者必須展現與發展出心理的主宰者，能應用僕人領導者（servant leadership）及真實領導者（authentic leadership）的哲學。過去的老理論如特質論、權變論、功能論都有些缺點，尤其未能充分發展出領導精神與模樣。史各勒（Scouller）提出整合性心理理論，將領導分成三種層級，包括公共、私設及個人的領導（public, private 及 personal leadership），前兩者是外顯行為表現，後一種是內心隱含層次。領導者知道領導技術，發展正確的態度以及有自在的心理，這三要素乃成為可信的領導力基礎（the foundation of authentic leadership）。

（三）轉換理論（transaction and transformation leadership）

此種理論是指領導者能注意到部屬願意勞動工作是為了轉換

報酬，如得到工資或薪津。領導者握有權力可達成這種轉換。經由運用權力能評估部屬成效，矯正部屬錯誤，訓練部屬生產力，使部屬能獲得其所要的報酬。

（四）領袖與成員交換理論（leader-member exchange theory）

這是指領袖及成員間的互動常帶有交換的條件。領袖給成員利益，如指示、勸告、支持或報酬等，成員則要給領袖尊敬、合作、承諾，並為達成組織目標而努力。這種理論進一步指出在內部組織中此種交換的品質較高，但在與外界的交換，品質則較低。

（五）情感理論（emotions theory）

此理論指出領導力充滿情感過程。組織成員與領導者的情感良好與否對領導效果影響很大。此種情感因素的後果表現在三種層次，一種是成員的情緒（mood），第二團體的感情氣氛（affective tone），第三是團體過程，如協調（coordination）、努力的付出（effort expenditure）及目標策略（task strategy）。當這三種情感都良好時，領導效果必佳，組織或團體的成效也必良好。

（六）新萌起理論（neo-emergent theory）

這是指領導是由新萌起的訊息（the emergence of information）創造而成，不是真正具備實力的。目前傳播媒體常可捧出政治明星就是由其創造出來的。被創造者並不真正那麼有實力。

第四節　民主政治領導的典範

一、意義及探討的價值

（一）意義

　　早在 1944 年美國政治學者卡西迪（John Castil）對民主領導力（democratic leadership）下過很清楚的定義，認為是可以影響人堅守並促成基本民主原則及過程的一種行為……（democratic leadership as behavior that influences people in a maner...）。卡西迪所指的原則及過程如自決（self-determination）、包容（inclusiveneas）、平等參與（equal participation）、可商議（deliberation）及分配責任（distributing responsibility）、給民眾增權（empowing people）及幫助慎思熟慮（aiding deliberation）。他進一步指出當情勢需要判斷、決策需要顧及隱私與自由選擇時，情勢就非都適合民主化不可。他也指出民主政治領袖的形態有多種，因為目的有多種。

（二）探討的價值

　　領導力存在於許多的事務上，其中政治事務受領袖的影響最為突出與明顯。又政治事務關係人民生活的許多面向，受其影響的人數也最多，故探討領袖或領導力也以政治領袖及其領導風格最必要加以探討。政治領袖有如政治事務的管理者，而其領導風範又有許多種，其中以民主的領導最具普世價值，是當今世界政治領導風格的主流，因此要談論政治領袖或領導力，也應以民主型態的政治領袖或領導力最具有討論的必要與價值。

二、民主政治領導的元素（elements）

描述或定位民主政治領袖可以基於數個重要元素，也即是其基本成份或內涵，都用為描述或定義領導。從這些元素來看民主政治領導，才最能看出其真實特性，這些重要元素，有下列數項。

（一）職位或理論元素

希特勒成為德國的頭號政治領袖因其有元帥的職位，馬丁路德金被擁戴成政治領袖，因其重人道的倫理精神價值。

（二）權威或權力元素

權威（authority）及權力（power）都是賦予領導者行使功能的工具與能力，其中權威常是指良好正面的權力，而權力包含正反與好壞都有，是中性的，用為正面則成權威，用於負面則變成為惡魔。正面的權力常表現成民主方式的權威，這種權威常以照顧多數人的利益為目標。但因而常會損及少數人的利益，造成對少數人不公，因此民主的政治領導者，也不可忽視對少數人的保護。

（三）建設與重建的價值與目標

這些民主建設或重建的價值與目標是供為群眾追隨的方向。不同政治領導，其建構或重建的價值與目標會有不同，但都不外能合乎多數的規則，也能照顧少數人的權益。

（四）分辨並融和公私領域

政治事務常是公共性的，因此政治領袖常以辦好公共事務為其主要努力目標。但因公共領域也包含許多的私人事務，對於私人的申訴、請願，也不應忽視，也必要將其帶引至公共領域，進入社會過程。

三、民主政治領導的理論概念

民主政治領導被發展出若干重要的理論概念，甚值得了解與注意。

（一）民主概念與領袖擁有權威與權力相衝突的理論概念

民主政治領袖的權力來自其才能，而不是得自其地位。而這種才能普遍由教育得來。

（二）僕人領袖的概念

民主政治的領導者以服務人群為使命及依歸。因此這種領袖自認是公僕的角色。這種公僕心理必須降低自己的身分，低調行事，卻常與其領導者的野心思想相衝突與矛盾，兩者必須要加以調和。

（三）催化領導（catalytic leadership）理論概念

民主領導也是一種催化或能媒領導，基於團體或組織目標幫助分子設定，更改及實現其個人的計畫。

（四）注重民眾低參與理論挑戰的理論

民眾低參與背後常因感受不公而疏離。民主領導有許多理論原則，當為領導者都要記住並實現。希臘哲學家柏拉圖（Plato）指出領袖倫理都值得民主政治領袖所效法與守護，重要的倫理包括1.政治領袖為做對的事而被要求處死，2.不欺騙（deception）不虛偽，也是柏拉圖提出的政治領袖重要倫理。此外他也警告公民不參與對領導的懲罰，終將使政治的領導權落入比自己更壞的人之手。

四、民主政治領導的應用

民主政治領導可被應用的方面很多，凡是能證實其有價值並發生作用之處，都可列舉出其可被應用。但較重要者有三大方面。

（一）釐清國家或社會的公共問題

政治領袖的任務與功能都在處理眾人之事，民主的政治領導首要應用方面則在於釐清國家或社會的公共問題，這些問題常為國民或社會大眾感到不滿意，必要加以解決，也必要將問題轉變成國家與社會要達成的任務或目標。

（二）彙集全國人民或社會大眾提出解決問題、達成任務與目標的意見與方法

要解決公共問題完成公共任務與目標，政治領袖需要彙集眾人的意見，並加以整合，提出合乎大眾意願與要求的解決策略與方案。這種策略不能只由自己一人或少數人所壟斷與決定，以致有違民意。

（三）民主的政治領袖要能公平正義領導人民大眾實踐政策或方案

目標與方案擬定之後必要加以實踐，問題才能確實解決。民主的政治領袖必須要能帶領人民大眾，經過合理的分工合作，共同努力實踐目標與方案，使問題確實獲得有效解決。此一應用民主政治領導的原理，常可有效達成民主行政工作。

（四）民主政治領袖的風範

良好的民主政治領袖在人格特質上常會營造多種重要的風範，包括下方所列舉者。

1.誠實。表現真誠、言行一致，坦白公正，不虛偽、不欺騙。

2.能勝任。行動合乎理由及道德原則，不感情用事或孩子氣。

3.有前瞻性。對未來有遠見與目標，其遠見都是為國家社會考慮的。

4.有激勵性。有自信，言行舉止與精神都能帶動他人到新境界，必要時也敢冒險。

5.聰明。經常要閱讀、研究、尋找挑戰，創造新意。

6.公平心態。公平對待各族群，各團體，能同情、體貼並造福他人。

7.廣闊的胸懷。不嫉妒他人，不記惡政敵。

8.勇敢。有堅定毅力去達成目標，經得起壓力，能克服困難。

9.正直。運用良好的判斷毅然下定決策。

10.想像力。在思想、計畫及方法上能適時作適當的調整更變，具有想像更好的目標、觀念與解決方法的能力。

民主政治領袖能具有上列各種特質與風範，必也是有效能的領導者，能將國家、社會與團體帶到良好的境界。

第五節　有效領導的方法與技巧

有效領導方法與技術的答案很多元，也很廣泛。前面論及領導類型與理論及民主政治領袖的風範等，內容都隱含了許多有效或良好領導方法與技術的答案。本節參照領導形成的因素，提出若干重要的有效領導方法與技巧。

一、培養個人的領導特質與能力

社會上的眾多人口，人人都可經由磨練、訓練與學習，改變個人的特質，使其成為領導者。只是有人磨練、訓練與學習會較為容易也較有效，另些人則會較為困難與無效。至於個人經由磨練、

訓練與學習何種人格特質，才能變成較成功有效的領導者，則在前面第四節第四款述說共列十點民主政治風範，都可當為具體的良好並有效的領導者人格特質，也是其應具有的能力。卡斯特（Fremont E. Kast）及羅森維奇（James G. Rosenzweig）在其合著的《組織管理》（Orgamzation Management）一書中提及十九項領導者的人格特質，都可供有心成為良好及有效領導者的人所應磨練、訓練與學習的目標，這些特質有者已被收進前面所說民主領袖所應具備的風範中，有者則超越了這些風範。將之再一併列舉如下。重要的特質包括體形（size）、有能量（energy）、聰明（intelligence）、有方向及目標感（sense of direction and purpose）、熱心（enthusiasm）、友善（friendliness）、整合（integraity）、有道德（morality）、技術專才（technical expertise）、果斷（decisiveness）、有技巧（perceptual skills）、知識（knowledge）、智慧（wisdom）、想像力（imagination）、決定力（determination）、堅忍（persistence）、忍耐力（endurance）、儀表良好（good looks）、勇敢（courage）等，此外廉正也甚重要。

二、表現並改進領導行為

各種不同領導類型分別表現不同的領導行為，重要的類型有獨裁型（authoritarian）、民主型（democratic）及放任型（laissez faire）。唯不同領導行為的後果會有不同。當發現領導效果不良時，可能就必要調整或改變領導行為，使其領導效果能獲得改善。為能獲得特殊的領導效果，領導者也常要表現特殊的行為，建立良好的相互關係，以及幫助完成工作的行為，使人容易完成任務，達成目標。

三、改變組織條件

從影響領導的組織因素可知組織的條件對領導效果的影響甚大，因此有效促進領導的方法與技術也可從改變組織的條件著手。

四、適應或改變環境條件

從權變理論可知情勢可以造英雄或領導者的定律與教訓，因此要增進有效的領導便可從適應或改變環境條件著手。

第三篇
管理的類型

第十二章　人力資源管理

第一節　意義、範圍、目的與重要性

一、意義與範圍

　　人力資源管理的英文名稱為 Human Resource Management，簡稱 HMR 或 HR，這是指組織或機關對使用人力的規劃與運用策略與功能，使聘僱的人力能為組織或機關目標發揮最大的服務效果。在組織或機關中，普遍都設立人力資源管理部門或簡稱人事部或人事處（局）等名稱，專司組織或機關中有關人力的召募、教育訓練發展、考績、敘薪以及勞資關係的處理等事務。最後一項常涉及勞資糾紛以及與政府勞工政策與法規的關係。

二、目的

　　人力資源管理的具體目的有許多，可歸納成三大方面，就此三大方面及細項目的系統列舉說明如下。

（一）對組織或機關的目的或好處

　　人力資源管理的主體常是組織或機關，因此要看這種管理的目的或好處，要先看組織或機關的方面所得到的目的或好處。這方面的目的或好處約可列舉下列四點。

　　1.供給、創造、利用及激勵雇用人力完成組織目標。

　　2.尋求個人與組織的整合，發揮組織的效能。

3.經由人力啟用、訓練、報償等，創造機會，促進組織的成長與發展。

4.維護組織的政策或倫理及組織的安定與安全。

（二）對個人的目的及好處

1.提供良好環境，使受聘僱員工發揮才能及技術。

2.使個人獲得工作成效，發揮潛能，獲得心理滿足。

3.促進個人對組織機關的歸屬感及認同感，願意為組織機關效力與拼鬥。

（三）對組織外全社會的目的與好處

1.維護人及組織機關與社會的關係。

2.管理個人、組織及社會整體有良好的變遷與發展。

3.避免社會受到失業、不平等待遇、生活不安定的威脅。

三、重要性

人力資源管理的重要性與目的與好處相伴隨，可分成三大方面並包含多種細項。

（一）對組織機關的重要性

1.協助組織機關取得優秀人力為組織機關工作。

2.經由辦理人力教育訓練與發展計畫，發展組織所需的工作技術。

3.增進人力的合作精神，為組織機關效力。

4.為組織機關發展工作團隊，使組織機關能有效利用人力。

（二）對個人的重要性

1.經由良好的人力資源管理可使個人獲得良好的工作環境與條

件，發揮良好的工作能力與效果。

2.經由組織機關的人力教育、訓練與發展計畫，使個人有提升工作技能的機會，也可促進專業發展。

3.人力資源管理中的給薪制度使員工能安定生活，也可因不滿意報酬而更加努力改進自己的工作資格與能力，獲得更佳報酬。

（三）對社會的重要性

人力資源管理可使個人及組織獲益，終究也可使全社會獲得福利，更具體的利益可分成下列數項。

1.增加社會的就業機會，促進社會發展。

2.消除人力浪費。

3.促使社會中的組織機關之間與個人之間的良性競爭，提升社會的生產力。

第二節　工作分析

一、工作分析的意義及在人力資源管理上的重要性

（一）意義

工作分析是對組織或機構中的工作做系統性的確認與整理。這種分析的全部過程包括蒐集訊息資料、分析資料內容，及整理安排與應用訊息資料。重要的分析內容包括對工作的內容及崗位的需求、各工作內容崗位部門組織的關係結構，以及應對各種工作員工或人力性質的分析。

（二）在人力資源管理上的重要性

人力資源管理是對於組織或機關團體人力的管理，而人力在組織或機關團體中主要的任務是工作，也因要工作才需要有人力。

因此人力資源管理與工作是分割不開的兩項密切相關的元素。要管理人力資料必須涉及對工作的了解，要了解人力的工作內容與性質則必須要分析工作的性質。捨工作分析，則人力資源管理變成空洞化，缺乏對組織成效的具體目標。

　　工作分析在人力資源管理上的重要性具有下列五項重要目的：1.供為決定使用及配置人力的依據。2.從工作分析結果決定應該招募與選用的人力。3.依工作的價值決定給員工酬報的標準。4.從工作分析中設定員工的教育訓練計畫。5.經由工作分析可使工作與人力作適當的配合，使組織或團體機構達成較佳成效，員工可因而較少抱怨，得到較大滿足。

二、工作分析的原則與步驟

（一）分析原則

　　為使工作分析能較正確進行，避免或減輕錯誤或損失，必須要遵照若干重要原則。

1.系統性原則

　　分析的資料要系統化，按照邏輯安排分析的程序，分析後也作系統的置放，方便後續的使用。

2.動態性原則

　　工作是一種動態的過程，要分析其性質也必須掌握其動態的原則，了解步驟之間的連結。

3.目的性原則

　　了解工作的目的才能明瞭為何要工作，才能正確掌握工作的精神與方法。

4.經濟性原則

　　每樣工作都要注意其經濟性，才不致浪費精神與金錢，或徒

勞無功。

　　5.職位性原則

　　在組織中工作與職位是相配合的，分析工作時必須包含對工作與職位關係的分析。

　　6.應用性原則

　　工作分析不是最終目的，而是可應用為其他許多用途，應用越廣，分析的價值也越高。

（二）分析步驟

　　重要的工作分析步驟約有如下六點。

　　1.決定分析資料的用途，從中確定所需資料的類型。

　　2.檢視及獲得所需要的工作組織圖及程序圖，目的在了解各種工作之間的關係及先後完成的順序。根據圖表再進一步作說明。

　　3.選擇重要工作再作較詳細分析。

　　4.蒐集工作分析資料，作為進一步應用目的。重要資料包括員工的行為、在職活動、工作狀況及必備的條件等。

　　5.使任職者認可蒐集到資料，證實其正確性。

　　6.編寫工作說明書及工作規範。說明書包括活動性質、職責、特色、工作狀況及安全顧慮等。規則則包括需要具備的特徵、才能及背景條件。

三、工作分析方法

　　專家、顧問、管理者及實際工作者等是主要的工作分析者，其可用的分析方法很多，將數項重要方法扼要說明其性質如下。

（一）觀察法

　　分析者用肉眼觀察有關的工作內容、方法、程序、設備、環

境等。此法可方便進行,得到的資料少受到干擾也比較客觀。

(二)面談法

可分別與員工、主管或集體面談。優點是可同時獲得標準化及非標準化的資料與訊息。缺點是可能會因接受訪談者的偏見而歪曲資訊與訊息。

(三)問卷調查法

此法可用結構性及開放性問題訪問,前者可獲得容易用量化分析的資料,後者則可蒐集到個別特殊資料與意見。此法適合作大數量的調查,進行速度也較快。

(四)工作日誌法

由工作者將每日工作內容記述下來,由分析者加以歸納與分析,獲得有用資料。優點是日誌表可依需要而設計。

(五)計量分析與質的分析

將蒐集到資料,進一步作成量化分析及質化分析,使能更清楚了解工作的性質。

(六)編寫工作分析說明書

將經由資料蒐集並分析後的結果,寫成說明書,內容包括對工作的認定、工作摘要、各項工作之間的關係、職務與責任的歸屬、工作條件與標準,以及工作規範等。

第三節　人力資源的規劃

一、人力資源規劃的意義與目的

（一）意義

任何組織或企業機構對未來將使用的人力作預測與規則之意。其預測的內容涉及數量與品質，而所需要的人力數量及品質則視組織與企業的目標與策略及外界環境條件而定。

人力規劃除包括需求的人力數量與品質外，也要包括其配置的結構及其他條件。

（二）目的

具體言之，人力資源規則的重要目的可列成如下數項。

1.當為取用組織或企業機構所需人力的依據

組織與機構的建立與發展需要有人力的基礎，而人力的取得則依據人力資源規劃。

2.使組織的人力資源能作合理的運用

人力資源規劃必須注意使每個人力用在最合適的地方，使其工作量不太多也不太少，依此規劃運用起來最能發揮最佳效果。

3.配合組織發展的需要

組織都有不斷成長與發展的需要，良好的人力資源規劃必須配合發展的需要作動態的調整。

4.降低用人成本

人力資源規劃必要注意經濟原則，選用適當品質與數量的人力，不致浪費，而能節省人力資本。

二、人力資源規劃的方法與步驟

（一）方法

規劃人力資源的方法有下列幾項。

1.建立人力資源管理體系，將組織內的所有職位，依各部門、各階層做系統的安置，對其職務作明確的規定。

2.建立合理完善的人力配置制度，包括人與事的合理分配。

3.建立合理的薪酬制度，避免不公平不合理的酬薪分配。

4.建立合理的績效考核制度，當為晉升及給薪的標準依據。

5.建立人力徵募及培訓制度，便於補充必要的人力。

6.建立懲處、遣散及退休制度，保存人力輪替換新的空間。

（二）步驟

1.決定組織經營目標。依據目標轉換成人力資源需求。

2.評估內外環境中的人力組合及改變工作方式。前者包括勞動市場供需及素質變化，後者包括部份工時、彈性工時、壓縮工時及在家上班等各種變化狀況。

3.分析現有人力供給的缺失。包括現有人員的職責、技術、教育程度、經驗等資料。

4.預計未來人力需求。可用的方法包括定性分析方法及定量分析方法。前者如專家意見、德耳菲法。後者如依過去對未來的時間序列分析、依據過去資料的人事比率分析、應用歷史資料的生產比率分析、以及找出相關性的迴歸分析等。

5.發展執行方案。決定需求量並與現存量作對比，如需增加則要招募及培訓，如要減少，則要實施裁員、解聘、遣散，或鼓勵退休。此一方案是用為支持組織的策略為目的。

6.評估與修正。對新執行方案再評估其得失，對失當的部份應再做修正。

三、撰寫人力資源規劃書

當人力資源規劃妥當，最後必要落實寫成規劃書，方便供相關部門及人員使用與參考。將規劃書的格式與內容的標題列舉如下。

（一）標題

如某公司（或機關）某年度「人力資源開發與管理計畫書」。

（二）正文

1.總體人員計畫，2.招聘計畫，3.人員調整計畫，4.績效考核計畫與方法，5.培訓計畫，6.人力資源經費預算等。

（三）落款

編制計畫的組織、公司或機關名稱及日期。

第四節　人力的招募甄選

一、招募甄選人力的意義與重要性

（一）意義

人力的招募甄選的意義是指組織尋找、選擇及錄用適當人選出任空缺職位的過程。是人力資源管理的入口，對新進人員的篩選、把關與啟用，是人力資源管理的重要過程。

（二）重要性

這種選用人力的過程對人力資源管理及組織的興衰存亡與功能都很重要，其詳細的重要性可列成下列四點。

　　1.為組織充實人力，實現組織人力資源的合理配置，使組織有合適的人力運作業務，發揮效能。

　　2.有效招募及甄選人力，可增強組織人力的穩定性，減少人員流失及造成的損失。

　　3.有效的招募及甄選人力可減少初任人員培養訓練的成本。

　　4.適當有效的招募及甄選人力可獲得適當優秀的人力，展現工作能力。

二、招募甄選人力的過程

（一）確定招募人數與條件

　　招募甄選人力的起步是確定招募的人數及條件。包括總人數及各部門的人數，且要確定需要人力的條件，包括能力、學經歷、性格、專長等各項條件。

（二）確定招募方式

　　如使用筆試、面試、推薦，或才能測驗等。

（三）進行考試甄選等工作

　　包括筆試、面試、審查申請資料。

（四）錄取

　　錄取的方式可一次完成，或分階段篩選。錄取通知可用口喻、通訊、電話通知等方式進行。

（五）任用

　　包括試用或確定聘用或僱用，若為試用，則於期滿決定是否正式啟用。若為決定聘用或僱用，則經培訓後賦予職務或直接交付職務。

三、招募與甄選的方式

　　組織或機關招募與甄選人力可經由兩個管道，不同管道適用的方法各不相同，將之列舉並說明如下。

（一）內部招募與甄選的方法

　　1.工作告示

　　目地在使所有員工知道訊息，決定是否願意參與應徵。

　　2.從人事記錄檔案中尋找

　　尋找的檔案記錄包括現任的及遣退的。經由內部招募與甄試的方法得到可用的人力，來源可能包括升遷、調職、工作輪調、重新啟用遣退人員等。

（二）外部招募與甄選的方法

　　1.員工推薦。

　　2.接受毛遂自薦。

　　3.開放參觀引發外人應徵的興趣。

　　4.由私立就業服務機關推薦。

　　5.由人力公司引介。

　　6.由協會、學會或工會推薦。

　　7.校園招募，包括經由提供獎學金、建教合作、校園徵才。

　　8.刊登廣告。在報紙上、電視上及網路上刊登。以上各種方法各有優劣點，也各有其較合適使用時機。

第五節　人力訓練教育與發展

一、意義與目的

（一）意義

　　人力訓練教育與發展是人力資源管理上一種重要功能，用為訓練教育與發展組織中的人力，使其能有更好的能力與成效。

（二）目的

　　人力資源的訓練、教育與發展的目的可從兩種方面著眼，包括對個人的目的，及對組織團體或機構的目的。

　　1.對個人的目的

　　接受人力訓練、教育與發展的個人，可改善工作的技術、知識、能力與才幹，把工作做得更好。因而獲得更高的職位及更佳的報酬。

　　2.對組織、團體或機構的目的

　　可使組織、團體或機構改善工作效能、生產能力以及經營利益等。

二、訓練、教育與發展計畫的內容

　　人力的訓練、教育與發展三者常結合成一體，對接受者而言是一種自我訓練，常經由教育的過程發展自己。這種計畫的重要內容包含下列數項。

（一）提供新員工的視野與方向

　　人力訓練、教育與發展計畫常以新進員工為對象。主要內容在提供新員工工作的工具、資訊與方法，使其工作能更成功，更有成效。入門的訓練常著重介紹組織或機關的歷史及目標、結構、政

策及工作程序。也提供員工在組織中的行為規範及職務特性以及解決問題的能力等。

（二）提供專業技能訓練

使員工能獲得更佳的專業工作能力與技術，提升工作效能。使組織及員工本人都能獲得更多效益。

（三）幫助員工發展志業

經由人力訓練教育與發展計畫，使員工能更認識自己角色的重要，更有自信處理職位上的事務，對前途更看好，能更喜愛工作及組織團體，以組織中的工作為終生的志業。

（四）認清成效的缺口並作改進

人力發展計畫包括對各層級的員工，經由訓練與檢討，使其更認識與了解工作的性質，而更能認識自己能力上及工作上的缺口，知所改進，對組織作更大的貢獻。

（五）讓員工熟悉組織中各種工作的特性及彼此的關聯

使員工了解自己的工作或業務是組織整體工作的一部份。從訓練過程中讓員工了解其他工作，使自己也有能力接替新任務與新使命。

（六）訓練內容也提供組織動態關係與活動的內容

使員工學到組織的動態原理，使組織能有協調整合的運作與功能。

三、訓練方法與步驟

（一）方法

1.教學或講解的方法

這種方法的要點在選定題目、選聘講師、使用大綱、運用視聽等輔助器材。

2.實習訓練方法

使受訓者親自下場實習。實習之前需要選擇場所、操作示範。實習後續事宜可再經由當為助手就近監督與評估並糾正錯誤。

3.進修

較技術性或高階人員常被選派作較長期的進修。進修地點常是在國內外高等教育訓練機關，如大學、研究機關等。

4.參加研討會

專業性的員工常可由參加研討會獲得訓練發展的效果。這種研討會常冠以學術性或專業性，參加者可從中獲得專業新知，增益知識與技能。

（二）步驟

訓練的工作常要經過數項重要過程。

1.安排或誘使受訓人進入情況，如接受聽課、實習或進修。

2.訓練過程中要能提供報告。如繳作業或心得報告。

3.訓練中或訓練後接受測試，驗明成效。

4.後續安排其接受新工作使命或回歸原職。

四、機關團體的人力資源發展

本節在前面所討論的人力資源訓練、教育與學習都是人力資源發展的方法，目的都在提升個別人力的知識、技能、眼光及應對

情境的能力等。個人發展的結果也使組織或機構的整體人力資源條件獲得改善，因而也能得到改進與提升效能。人力資源發展與其他的發展事務同樣都要經過管理的過程，才能使發展的效果更為良好。本節不再重複個人人力的發展方法，而是針對機關團體人力資源發展的若干重要管理上的概念再加補充。

（一）發展的所有關係人（stakeholders）有多方面

　　有關機關團體人力資源發展的關係人，共有數個方面，第一是贊助者（sponsors），在機關團體內部主要為高層資源的經理人。第二是被選為發展的當事人，這些人常是中下層的管理者，以及眾多的第一線操作員。第三是實際推動與執行人力資源發展的人，也即機關團體的人事主管，或人力資源部經理人。第四是講解的專家，這些專家常要外聘。以上各種關係人之間常有自己的想法與動機，會有相互矛盾與衝突之處，需要加以磨合。

（二）化解人群衝突是相關團體的重要人力資源發展策略

　　機關團體不同地位與角色的人，容易有矛盾與衝突，一旦產生或存在矛盾與衝突，則成為人力資源發展的絆腳石，必須加以化解。其中最常見的矛盾與衝突發生或存在於主管與部屬之間。管理者一方面要知所勸導部屬，另方面也要能自我約束，減低刺激部屬的不滿與怨恨。

（三）組織中的人力資源發展對象分成多種層級

　　典型要發展的角色可能包括執行者或輔導人力、新進員工、專業技術者、業務推銷員及安全維護人力等。

五、提升員工的才能為重要的發展方向

　　多半機關團體內的員工都有提升才能的空間，要發展人力資

源，提升員工的才能是很重要的發展方法。有效的做法是使其能增加工作滿意度，使其願意留在工作崗位上再努力奮鬥，值得人力資源管理者注意並實踐。這是促進今後機關組織人力資源發展的重要概念與方向。

第六節　薪資報酬與獎賞

一、意義與目的

（一）意義

　　薪資報酬是一種工作報酬的重要方式，具有獎賞的意義。但除薪資外還可用其他方式報償，如獎金、分紅等。

（二）目的

　　用薪資等的報償方法具有激勵作用，使員工願意努力工作。

二、給薪的決定基礎及影響因素

（一）決定基礎

　　最常見按時計酬，如按月或按時。但也見有按件計酬及按一定的工作量計算者，超越者發給獎金。

（二）影響因素

　　1.法律因素。政府規定最低工資，還有其他特定法案。

　　2.工會的決策。

　　3.僱主的政策。

　　4.社會公平正義輿論的因素。

三、工資率的建立過程

　　一個機關團體要建立工資率或工資水準，大約經過下列數個過程。

（一）展開薪資調查

　　調查內部員工水準，及外界的一般水準做為調整的參考依據。

（二）依工作評價

　　評價的基礎有三項，包括 1.員工努力盡責及技能水準，2.劃分等級，3.決定各等級薪資待遇。

四、薪資給付的問題

　　薪資給付常有下列幾種爭論問題。

（一）同工不同酬

　　領低薪者常會感到不公平。

（二）秘密給薪的問題

　　給薪不公開，容易引發員工的猜忌，產生不信任感。

（三）通貨膨脹的影響

　　多種物價都漲，唯有薪資不漲，或漲幅偏少，變成生活水準變低、變差，容易引起員工不滿。

（四）生活費用區隔的問題

　　不同地區生活水準不同，給酬水準固定缺乏彈性，對高水準地區的員工不公。但若按生活水準調整，則又有失同工不同酬的問題。

第七節　勞資關係的管理

一、勞工的爭議問題

　　機關團體聘僱的勞工容易對僱主有爭論，成為管理上的問題，必須善為處理。重要的勞資爭議有下列幾方面。

　　（一）勞工引發的爭議，重要的爭議約有三方面：1.工資水準的爭議，2.工作條件的爭議，3.福利爭議。

　　（二）工會帶領或勞工組成自救團體發動抗爭。

　　（三）工會介入有關勞工代表的選舉、勞工立法與行政等。

二、集體談判與管理對策

　　勞資雙方有爭論時常以集體方式出面談判。談判的內容繁多，對手也都很難纏。這種對策常成為管理上的難題。如下列舉幾項重要的談判原則供為管理者參考。

　　（一）儘量擴大機關團體的總體利益。也即是將餅做大。

　　（二）善於營造公開、公平、公正的競爭局面。此有利爭取談判的主動及有利條件。

　　（三）有明確目標，能善於妥協。若太堅持就難能解決爭論。

　　（四）講究信用。人無信不立，沒有信用談判難成。

　　（五）求同存異。為能存異，雙方有必要讓步。

　　（六）使用客觀標準。此種標準是可使雙方接受的焦點。

　　（七）運用事實。事實客觀，最具說服力。

　　（八）人、事有別。談判時儘量對事不對人，可少受情感糾纏。

三、契約管理

（一）重要性

勞資關係以契約為管理的工具及基礎，可減少糾紛。

（二）重要契約關係

勞資雙方在許多方面都要有明確的契約關係，包括薪資、工時、雇用條件、工作評估、指派、加班、休假與獎懲等。

（三）解決程序

員工對契約關係有疑問時，管理上常經由幾個程序進行：1.提出訴訟，2.答覆或辯護，3.調解，4.協議或抗告。

（四）獎勵或懲戒

1.有必要時使用，2.注意公平公正原則，3.使其制度化，漸進化，及申訴程序化等。

第十三章　財務管理

第一節　基本概念

一、意義

　　財務管理是指組織或企業等機構對資產的配置、資本的流通、資金的營運及利用分配等的管理。

二、目標

　　財務管理共有四大目標，即（一）使產值達到最大。（二）使利潤最多。（三）使財富最大。（四）使企業或組織的價值達到最大。

三、主要內容

　　也包含四大項，即（一）籌資管理。（二）投資管理。（三）營運資金管理。（四）利潤分配管理。

四、基本原則，重要者有十項

　　（一）風險收益的權衡原則。額外風險要以額外收益補償。
　　（二）貨幣的時間價值原則。今日貨幣的價值高於未來的價值。
　　（三）現金價值大於利潤價值的原則。

（四）量與價的相關原則。

（五）競爭壓制特別優惠利潤原則。在競爭市場上無特別優惠利潤。

（六）有效資本市場的原則。市場靈敏、價值要合理。

（七）管理者與所有人利益不一致原則。

（八）納稅影響業務決策的原則。

（九）風險分類原則。分為可消除與不能消除。

（十）道德行為原則。商場上存在許多道德陷阱，但道德仍是基本規範，必須遵守。

五、重要的管理方法

共有下列六項重要方法：（一）預測，（二）決策，（三）計畫，（四）控制，（五）分析，（六）考核。

第二節　籌資管理

一、意義與原則

（一）意義

籌資是一種為能啟動與滿足事業經營，以及調整投資的需要，以適當方法籌備資金的一種財務行為。

（二）原則

籌資要能正當必須遵守若干重要原則。

1.規模要適當。不可太多或太少，太多易造成浪費與風險，太少則缺乏效能。

2.籌設要及時。不宜太慢，否則延誤事業的啟動及運作。

3. 要合理合法。不能強求，更不能違法。

4. 經濟節約。不可浪費，應儘量降低成本與風險。

二、籌資的渠道或來源與方式

（一）渠道或來源

1. 組織或機構內部自籌。從盈餘中提撥，或向股東增資。

2. 向銀行借款。

3. 向非銀行的金融機關貸款。

4. 由其他企業投入。

（二）方式

1. 吸引直接投資。如以現金投入。

2. 發行股票。分配股權，按股份承擔損益。

3. 借款。包括向銀行、其他金融機構，或私人單位。

4. 發行債券。出售債券或抵押，籌措現金。

5. 商業信用。以信用取得所需資金或物資。

6. 租賃融資。租賃有價財物，如房地產、股票等籌措資金。

第三節　投資管理

一、投資的意義與種類

（一）意義

投資是指將資本投入證券、資產及生產事業等的金融股務，以能達到投資者營利為目的。

（二）種類

社會上可投資的項目很多，重要的項目有下列各種。

1.股票或證券

投入後可成為上市或上櫃公司的股東，可分享紅利及升值或漲價的利益，但也分擔因虧損而跌價的風險。

2.債券與基金

債券是政府、金融機構或工商企業機構等向社會借債。籌資是向投資者發行的債權債務憑證，承諾按一定的利率支付利息或按約定的條件償還本金，具有法律效力。重要的債券種類有定息、浮息及零息等三種。債券與銀行信用貸款不同，債券是直接債務關係，信貸是間接債務關係。債券在市場上可進行買賣。

基金是由彙集投資者分散的資金而成，交由專家進行投資管理，按投資的份額分配收益。各國對基金的名稱不同，美國稱為共同基金（mutual fund），也稱互惠基金。英國、香港及我國稱為單位信託或信託基金，日本稱為證券投資信託，中國稱為投資基金。基金主要有兩類，一類是封閉式，另一類是開放式。前種基金有固定的存續期，期間基金的規模固定，一般在證券交易場所上市交易，投資者是通過二級市場買賣基金單位。交易價格主要是受市場對該基金的供求所影響。後種基金的規模不固定，基金單位可隨時向投資者出售，也可應投資者要求，隨時贖回。這是當前國際基金市場的主流品種，也稱共同基金。

3.期貨與選擇權

期貨（futures）是一種跨越時間的交易方式，買賣雙方通過簽訂合約，同意按指定的時間、價格與其他交易條件，交收指定數量的現貨。這些現貨包括商品及金融兩大類。期貨交易通常集中在交易所進行，也有透過櫃檯買賣者，稱為場外交易。不少期貨發展成遠期合約交易的情形。

選擇權是一種權利契約，買方交付權利金後，便有權利在未來約定的某特定日期（到期日），依約定之履約價格，買入或賣出一定數額的約定標的物。這種權利分為買權與賣權。買賣權因含有價值，而會有實質的盈虧。

4.房地產

這種投資是指將資本投入到房地產業，以期後來獲得預期的收益的經濟活動。這類投資的方式有多種。包括投入房地產開發，如經營建商、購置房地產及辦公大樓、經營租賃公司等。這種投資重在預期利益，會面對多種即時投資利益的競爭與衝突。

5.土地

這是指以土地為投資對象。這類投資包括買賣、開發等，其特徵是資本額大，投資的時間長，增值明顯等。

6.免所得稅的儲蓄型投資

這是指儲蓄型投資，可免所得額優惠，通常這種投資的利息比銀行定期定額的利息高。儲蓄者可因獲得較高利息及免所得稅而獲得投資利益。此類投資是政府為鼓勵國民儲蓄特性的投資方式，也為金融保險業開方便吸收資金之大門。

7.退休規則

為使退休後的生活高枕無憂，必須作退休後理財規劃。規劃中也可包括投資，但要注意數個原則：（1）不受通貨膨脹影響，（2）保本為上，不宜盲目冒險，（3）要有長期打算。退休後平均存活的日子不短，投資儲蓄都要有長遠打算。（4）培養低消費習慣替代追求高利益的興趣。這樣做可使生活持續長遠。

8.信用管理

信用管理的意義是指對信用交易中的風險進行管理。投資者對所投資的信用風險，必須加以識別、分析評估及避免。

9.外匯投資

由買賣外幣進行外匯行為而賺取匯率價差的利益，或由儲存外幣，獲得較高利息的利益。外匯具有靜態與動態的不同意義，靜態的意義是指國際匯兌的總稱。動態的意義指一國的貨幣兌換成他國貨幣，藉以清償國際間的債權債務關係的一種經濟活動。共有多種不同的交易方式，包括現鈔交易、即期外匯交易、套匯交易、合約現貸交易、遠期外匯交易、套利交易、掉期（按規定匯率使用不同貨幣作買賣的活動。）、外匯期貨交易、外匯互換交易。

10.其他

除了以上常見的投資方式以外還有多種其他投資方式，包括房屋購售、禽畜支出、林木支出、辦公室和生活家具購置、可行性研究設備資產購置等。

二、投資原則

不同的投資專家都會根據自己的經驗及偏好提出重要的投資原則。當代投資之神巴菲特就曾提出十五個投資原則，卻未建立理論。美國的經濟學家馬科維茲（Harry Markowitz），則提出證券組合選擇的理論，被認為是謹慎的投資選擇，也成為投資的一項重要概念與原則。此一原則包括六項細部規則。就將上舉兩套的投資規則及其他列舉如下。

（一）巴菲特的十五個投資原則

1.不損及本金，2.量力而為，3.適合性格，4.程序化，5.分散化，6.減少稅務支出，7.投資熟悉內情事業，8.不投資不合適公司，9.主動研究投資對象，10.等待在最好時機投入，11.穩住獲利機會，12.堅守預先投選策略，13.勇於認錯謀求補救，14.與日俱增的回報，15.不停運作。

（二）謹慎投資原則的細部規則

1. 目標標準要高。

2. 投資組合標準。個別投資都要與整個投資組合在一起。

3. 投資決策要考慮所有投資成敗的因素。

4. 投資項目要分散。

5. 投資成本降到最低。

6. 判別是否謹慎要依投資決策與行動時的事實而定，不可依事後的結果作批評。

（三）其他重要原則

除了上列兩套著名的投資原則，還有不少其他原則，將之綜合列舉如下。

1. 季節追蹤原則。2. 資金控管原則。3. 板塊順勢移動原則。4. 投出傑出公司原則。5. 守少成多原則。6. 押大注在好機會事件原則。7. 耐心等待原則。8. 不擔心短期波動原則。

三、投資規劃與步驟

（一）規劃項目

這種規劃常由理財專家替投資人對其一生或特定時間內作投資配置，使能獲最佳收益的規劃。重要的內容與項目包括七要項：1. 投入的市場與工具，2. 風險分析，3. 效率分析，4. 股票評價，5. 債券評價，6. 金融商品選擇，7. 共同基金的評估。

（二）投資步驟

投資步驟可粗可細，可少可多，但較重要者有下列幾項。

1. 選擇對象。經過評估後慎重選擇。

2. 設定指標。認定要投資的產品及投資數額等。

3.集資投入。如經由存款、借貸或變賣資產等方法集資。

4.釋出獲利。於良好時機將投資購買或生產的資產賣出獲利了結。

四、投資風險與對策

（一）意義

凡是為賺錢獲利的投資都有不確定性的風險，有者遭受收益的損失，有者損及本金。買股票可能被套牢，買債券可能無法按期拿回本金及獲息，投資房地產可能跌價，屯積物資可能損壞。這些都是風險。

（二）風險的類型

投資風險的種類有多種，每一種風險的主因各有不同，重要的風險類型及其主因如下所列。

1.購買力風險——因通貨膨脹造成。

2.財務風險——因股票價格下跌，債主逼債。

3.利率風險——因貸款利率上升，或儲蓄利率下跌。

4.市場風險——因價格波動引起。

5.變現風險——因市場買氣與賣氣的變化造成。

6.事件風險——如突發的災難等事件所引起。

（三）解決風險的對策

解決風險問題的重要對策有下列幾項。

1.分析財務狀況，了解問題，提升適應力。

2.提高風險意識，不使風險加重，適時減低風險。

3.提升決策科學化水準，作較正確的決策。

4.做好權責與利益的一致性，不可只重權利輕視責任。

第四節　營運資金管理

一、意義與重要性

（一）意義

營運資金管理是指運用流動資金於事業的經營與運作。營運資金等於流動資金減去流動負債，也等於現金。

（二）重要性

營運資金管理關係利潤，也關係企業或組織的生存與動力。又是償債能力的指標。企業或組織營運良好與否常以對資金的營運為重要決定因素。

二、現金轉換循環

（一）意義與過程

1. 意義

現金轉換循環是指從支付購料貨款轉換到應收帳款所需時間與路程。

2. 過程

這期間經由存貨轉換期間＋應收帳款轉換期間－應付帳款遞延期間。期間越長表示資金凍結時間越長，影響資金成本加大，效益減少。因此管理者應設法縮短循環期間，以提高資金運用效率及營運收益。

（二）包含因子

現金轉換循環包含三項因子，即存貨轉換期或週轉率，應收帳款轉換期或週轉率，及應付帳款轉換期或週轉率。存款週轉率＝365 天／存貨轉換期間，應收帳款週轉率＝365 天／應收帳款轉換

期間，應付帳款週轉率＝365天／應付帳款遲延支付期間。

三、現金轉換循環的管理

這種管理的要點與目標有四項。

（一）縮短存貨轉換期間提高現金的生產能力。

（二）縮短應收帳款轉換時間，以提高收現速度。

（三）延長應付帳款延遲支付期間，使能延後以現金支付帳款的效果。

（四）前三項管理要項與目標的最終目的在能達成提高營運資金管理效率。

四、營運資金的投資政策

（一）意義

此項政策的意義在指出應投資多少流動資金才能提高資金運用效率的政策。

（二）政策類型

重要的政策類型有三。

1.寬鬆的投資政策：以流動資金的60%以上作為投資之用。

2.適中的投資政策：投資額占總流動資金的40%左右。

3.緊縮的投資政策：投資額占流動資金的20%以下。

五、營運資金的融資政策

（一）意義

當可用為投資的流動資金不足時，可使用融資的方法來融通投資的流動資金。在短時間內可用流動資產融資，在長期間則可用

固定資產融資，如用土地或房產、廠房等作為抵押融資。

（二）政策的種類

可分成適中、積極及保守的三種融資政策。融資越多表示越積極，但風險也越大。

（三）短期融資的來源

在短期間的融資可用四種來源作為融資之用：1.應付帳款，2.應付費用，3.短期銀行貸款，4.補充性餘額。前兩項為自發性融資，後兩項為非自發性融資。

第五節　利潤分配管理

一、利潤的構成及分配要素

（一）構成要素

一般組織或企業的利潤得自三種來源或要素：1.營利利潤。此種利潤相當於主要營業利潤加其他營業利潤，減去管理費用、營業費用及財務費用等的剩餘。2.投資淨收益。3.營業外收入。

（二）分配的內容或要素

利潤的分配共約有六項，包括：1.所得稅。2.支付被沒收的財務損失。3.補前年虧損。4.提取盈餘公積金（依法定標準或任意提取）。5.提取公益金，用於職工福利。6.分配給投資者。

二、分配的基本原則

利潤分配主要依據兩項重要原則。

（一）依法分配原則。此一法則在規範不可胡亂分配。

（二）分配與累積並重原則。累積的部份供為發展基金之用。

三、分配的政策與程序

（一）政策

1.股利政策

這方面的分配政策要注意幾項要點，包括分配的比率或數額、是否發展優先分配制度、兼顧職工的福利、收益與投資一致。

2.發給股票政策

部份或全部利潤以股票方式發給，目的在擴大資本規模及穩固股東投資參與。

各種分配政策受兩類多種因素所影響，一類是外部因素包括法律因素、合同的約束、投資機會、股東的意願等因素。另一類是內部因素，包括盈利狀況、資產的流動性及籌資能力的大小等。

（二）分配的程序

公司利潤分配通常經過補損、支付罰款、扣除法定提撥、公益提撥及公積金，最後以股利或股票方式分配給投資人。

四、利潤分配的管理方法

投資者都很在乎利潤分配，也常會有不同的意見，常見在利潤結算的股東會議上發生爭端。為使投資者對於利潤分配都能滿意或心服，在管理上常要講究幾種重要方法。

（一）儘量協商，並以文字列入有關分配的規章制度中或訂立成合約。

（二）儘量處理好有關人的問題，使合夥人或股東能互相信

任，並能合作。

　　（三）制定詳實合理的分配表，可省略耗費說明的力氣，也可節省不少管理成本。

第六節　財務管理的理論

　　財務管理的基本理論有六項，本章在最後一節針對此六項理論的要點說明如下。

一、資本結構理論（Capital Structure Theory）

　　此一理論是研究公司或組織籌資方式及結構與公司本組織市場價值關係的理論。

　　1958 年莫迪利安尼和米勒（Franco Modigliani & Merton H. Miller）研究金融市場得到的結論是，在完善和有效的金融市場上，企業價值與資本結構和股利政策無關。兩人創出了 MM 理論，先後都得諾貝爾經濟學獎。

二、現代資產組合理論與資本資產定價理論（CAPM）

　　此一理論是有關最佳投資組合的理論。1952 年馬科維茨（Harry Markowtz）所創。理論的要點是只要不同資本之間的收益變化不完全正相關，就可通過資產組合方法來降低投資風險。馬科維茨也以此理論獲得 1990 年諾貝爾經濟學獎。

　　資本定價模型是研究風險與收益關係的理論，是夏普（William F. Sharpe）等人研究所獲得的理論。大意是單項資產的風險收益率取決於無風險收益率、市場組合的風險收益率和該風

險資產的風險。夏普也於 1990 年獲得諾貝爾紀念獎。

三、期權定價理論（Option Pricing Model）

此一理論是有關期權（股票期權、外匯期權、股票指數期權、可轉換債券、可轉換優先股、認股權證等）的價值或理論價格確定的理論。1973 年由斯科爾斯（Myron S. Scholes）提出期權定價模型，又稱 B-S 模型。自 1990 年代以後期權交易成為世界金融領域的主流，因此斯科爾斯及其研究伙伴莫頓雙雙於 1997 年獲諾貝爾經濟學獎。

四、有效市場假項（Effcient Markets Hypothesis, EMH）

此一理論是研究資本市場上證券價格對信息反應程度的理論。此一理論的主要貢獻者是法瑪。他認為如果資本市場在證券價格中充分反映了全部信息，則稱資本市場是有效率的。在這種市場上證券交易不可能取得經濟利益。

五、代理理論（Agency Theory）

此一理論是研究不同資方和不同資本結構下代理成本的高低以及如何降低代理成本，提高公司價值。理論的主要貢獻者包括詹森及麥科林。

六、信息不對稱理論（Asymmetric Information Theory）

此一理論是指公司內外部的人對公司實際經營狀況的了解程

度不同，也即是在公司所有關係人中存在信息不對稱，這種不對稱會造成對公司價值的不同判斷。

七、財務管理理論結構

這種結構是指人們對於財務實際活動的認識，對財務管理理論系統的構成要素及其排列組合方式所作的界定。

財務管理理論結構的系統要素包括五項問題，1.什麼是財務與財務管理，2.財務管理如何產生，3.財務管理的目標是什麼，4.財務管理要管什麼，5.如何實現財務管理目標。以上五項問題代表財務管理的本質、假設、目標、要素、程序和方法。

財務管理理論結構是指上列五項理論系統內部組成要素之間的相互連繫、相互作用的方式與過程，也即是期間的排列和組合形式，其目的在能使財務管理理論系統的結構科學化、規範化與層次化，能更有效促進財務管理的建設與發展。

第十四章　生產管理

第一節　生產管理的意義、主要內容、目標與地位

一、意義

生產管理是指計畫、組織、指揮、監督與調整生產的活動。目標是能耗用最少資源獲得最大的生產成果。這是對企業生產系統的設置與運作等各種活動管理的總稱，也稱生產控制。

二、主要內容

生產管理的主要內容包括三大類別，如下所列。

（一）生產組織

包括選擇生產地點或廠址、設置工廠、生產線、招募員工等人力及生產管理系統與辦法。

（二）生產計畫

編寫生產計畫書，內容包括生產目標、原料、資金、人力來源、數量以及作業程序等。

（三）生產控制

包括控制生產進度、生產量與品質、產品庫存與銷售及生產成本等。

三、生產管理目標

共有三大目標，（一）確保生產系統有效運作。（二）有效利用企業的製造資源。（三）適應市場環境變化。

四、生產管理地位

生產管理的地位重要，表現在兩大方面，（一）這是達成組織目標的一種重要途徑。（二）與經營決策、技術開發及貨品管理的關係密切。缺乏生產管理，或未能將生產管理做好，則上不能有效利用資源，下不能有適當的產品可供銷售。

第二節　生產計畫

一、意義

生產計畫是為能滿足客戶需要，又能為企業獲利而生產的計畫。客戶重要的要求有三大項，包括產物的品質、交貨時間及成本價格。為能做好這三方面的計畫，企業內部須先做好分配與組合材料、人員及機械設施的計畫。企業如果是農業而非工業，則要作好配合的生產要素是資金、土地與人力。

二、生產計畫的內容

一般工業生產的計畫內容不外下列數大項。

（一）生產品的名稱，包括零件及完形的產品。

（二）生產數量與規格。

（三）生產部門或單位，如為大企業，則要分配到分公司或

分廠。

　　（四）交貨的時間。

　　（五）開始生產時間。

三、生產計畫的任務或用途

　　生產計畫必須要在生產之前訂定，有幾項重要的好處。

　　（一）可做為物料需求計畫的依據，依據生產購置物料。

　　（二）做為產能需求計畫的依據。依生產計畫而決定產能。

　　（三）其他相關計畫的制定依據。包括生產後的存貨及促銷計畫等。

　　（四）有妥善良好的生產計畫，企業就能穩固客戶來源，也能以穩定貨源的供應，並使企業順利運作，獲得長遠利益。

四、生產計畫的種類

　　（一）按生產期間分。可分為長期、中期及短期生產，長期為一年或二至三年，中期為半年或數個月，短期為一週或數日。在不同的期間也必須計畫生產的數量。

　　（二）按產品別分。可分成各種零件生產及全形物品的組裝。

　　（三）按產品的品質分。可分中上級品及次級品等。或內銷產品及外銷產品。

五、生產計畫的標準

（一）作業計畫標準

　　包括作業場所、作業種類及順序、作業標準時間等。

（二）製程及能量計畫標準

各種製程表的能量基準，及能負荷的能量標準。

（三）材料或零件計畫標準

1.材料或零件構成標準。

2.分區供應標準。

3.數量多少及產出率的標準。

（四）日程計畫標準

1.生產全程日數標準。

2.交貨或成品日期標準。

（五）擬定庫存計畫標準

1.庫存分區及存量。存量標準包括最高、最低及安全存量的標準。

2.訂購點及出貨點標準。

3.訂購後出貨時間標準。

六、資源計畫

（一）確保資源的來源。分類定量，尋求新貨源及穩定舊貨源。

（二）採購計畫。包括訂貨、付款、收貨等。

（三）存放計畫。資源購進後的存放計畫。

（四）資源的利用計畫。

（五）資源的維護計畫。包括對人力、材料、工具、廠房設施等各種生產資源的維護。

第三節　生產組織管理

一、定義

　　生產組織有靜態與動態的兩種意義，因此生產組織管理也分靜態生產組織的管理及動態生產組織的管理兩種。靜態生產組織的管理也即是對生產組織體的管理，與一般組織管理的原理原則大同小異，本節就不多談，只集中對動態生產組織管理的討論。而動態生產組織主要分成生產過程的組織及勞動過程的組織。本節討論的生產組織管理也分成這兩種過程的管理。

二、生產過程組織的管理

（一）定義

　　生產過程的組織是指生產過程各階段、各程序在時間上及空間上的銜接與協調。重要內容包括企業活動的整體布局、生產空間設備的配置、技術流程及技術參數的確定與使用等。

（二）重要管理面相

　　生產過程的組織管理要點與面向，約可分成下列幾方面。

　　1.健全組織的結構

　　組織的結構（structure）是指組織體與組織運作過程的架構。一般都要按目標而建立結構。結構是將相關的各部門、各單位或各種活動過程，有系統的加以接合。組織要能健全，順利運行，組織的結構必須適當，且能緊密連結，在管理的運作上常需要有一明確的結構圖，以便管理者的指揮。

　　2.適當的授權

　　各層的管理者不可能事事親躬，常必要有替身、代理人及部

屬為其分擔任務。為使替身、代理人或部屬能方便動作,必要有上級的授權,才能指揮,其相關的部屬或其他人力,也才能合理利用其他資源。授權內容必須在適當的範圍內。以能方便行使功能為原則。而使授出的權力不被誤用與濫用,授權他人的主管也必要對下放權力的對象加以適當的控制。

3.建立良好的工作關係與工作環境

工作關係分成垂直關係及水平關係,管理者必須知其安排並使各種關係能有平順的連結與互動。

4.明定每一員工的職責

為使員工能盡責,必須先使其能明白本身職責,需要管理者明確指定。

5.發揮各生產單位的效率

參與生產過程的單位很多,包括人員與機械設備等。必要作適當的地點與運作時間的安排與配置,才能發揮效率。

6.生產過程組織先預作準備與設計

為使生產過程的組織能均衡完滿,必須先作各種準備與設計。準備與設計的過程包括製作流程圖,研究轉換工作與任務的可行性。對各種行動方針要研究所需人力及設備。嚴查所需材料的庫存情況、供應來源及可替代材料等。也要分析每一工作任務的細節。

7.重視員工的工作態度

員工的工作態度對生產成效影響至為重要,管理者必須注意員工的人性,善作引導與應對,使生產能有效率。

三、勞動過程組織管理

（一）要義

　　勞動過程組織管理是指對勞動過程的安排組合、運用與控制。勞動是生產的最基本要素之一，要管理生產不能忽略對勞動的管理。管理勞動不僅要對勞動單位品質效能的改善進行管理，更要對各勞動單位的接合互動運作的動態組織加以管理。

（二）管理要點

　　勞動過程組織管理要點包括勞動過程組織分析與運用。

　　1.勞動過程組織分析

　　組織分析的目的在能了解組織特性，以便有效控制與運用，依據以往勞動分析專家觀察的結果，勞動具有幾個有關動態過程的特性。這些特性包括勞動力的不確定性，也即指勞動者工作的努力程度不確定，會隨環境的不同而有變化。也因此引導出勞動力管理控制的必要性。

　　2.分工與協調勞動者的職務

　　勞動者在生產企業組織中的最重要職務是要工作，完成組織的生產目標。不同勞工的職務不同。管理者應能善加分配，將適當的工作交由適當的勞工來處理擔任，或由適當的勞工去做最合適的事，則每個勞動者最能發揮最高效率。由於每個勞動者所做的工作都僅為生產組織整體工作的一部份，各部份工作之間要能適當接合，才不會互相抵制，而能發揮整體性的生產效能。

　　3.管理者的兩種角色與職務

　　各階段管理者在管理勞動過程組織的事務時，不外擔任兩種角色或職務的一部份或全部。這兩種角色或職務是直接管理，及參謀管理。前者是直接指揮命令或引導組織。後者是提出意見、策略或方法，由主要管理者執行指揮、命令或引導。兩種管理角色與職

務都很重要，都能有助勞動過程組織發揮效能，促使企業組織達成生產目標。

第四節　作業管理

一、意義與目標

（一）意義

　　生產管理中的作業管理全名稱為生產作業管理，簡稱作業管理。是指有效利用生產資源經過投入、組合、轉換、控制等活動，生產出滿足社會上消費者需要產品的過程。在投入的過程中投入的資源包括材料、人力、資金設備及技術。在產出的過程，產出包括製造出來的產品與服務。中間則有使用機械、策略、方法、組織、控制等轉換的活動過程。生產全程的實質作業內容相當複雜。

（二）目標

　　作業管理的目標在能有效提供符合顧客要求與滿意的生產品，包括物品與服務。越是價廉物美的產品與服務越能為顧客所需要並感到滿意，但也要適合顧客的用途。生產價廉之物必要能節省成本，物美之物則要能兼顧耐用與美觀。

　　價廉與物美常很難兩全，管理者必須要能妥為拿捏與掌握，使能達到均衡狀態，不因只為了價廉而損及物美，或只為了物美而有違價廉。

二、投入、轉換與產出的作業過程

　　任何生產作業都可歸納成三個重要過程，就此三個過程的構成要素及作業原則扼要說明如下。

（一）投入要素與其特性

生產的投入要素不外人力、土地、資金、設備、原料、能源、技術、信息及管理等。各種不同的生產要素各有其不同的特性，也有共同的重要性質，管理者在投入要素之前都必須對其特性作些選擇。在共同性的重要性質中，以價格最受重視與注意，因為此一特性直接影響到生產的利潤。而各種生產要素的價格都與其多種其他性質相關聯。管理者在投入之前都要慎重研究與選擇，才能適當投入並獲得最大利益的基本目標。

（二）轉換過程

生產的轉換過程是指通過生產將產值加入產品的過程。企業經由機械設備將原料轉換成產品，產值即可提升。轉換過程具有六項特性，即效率、產能、有效性、反應時間、品質及彈性。效率是衡量每單位投入得到產出的比率。產能是指營運單位能處理的最大負荷。有效性是指產出的正確性。反應時間是為符合使用者或客戶需求所需時間。品質是指能符合產品規格的能力。彈性是指在轉換過程能生產不同產品的能力。

（三）產出

產出是物料經由機器等製造轉換成產品。可當為消費品或用為進一步生產之用。一個企業的產出是其生產物品及勞務的總合。

三、作業組織與過程

每個生產性企業包含許多部門，分別生產不同的物品或勞務。生產作業管理必須了解各部門或特定部門的生產作業組織及過程，目的在能提高生產效率，使能更具競爭力，促進企業的發展。重要的作業組織有工程設備、作業維修，及實際作業等。工程設備

專為實際生產作業之用，但企業中的工作除生產作業等工程外還有其他。各種工程使用操作之後會有損傷，乃必要維修。在實際作業部門由許多作業員操作生產機械，從事生產作業。

四、專業作業管理（CPM）及計畫評估技術（PERT）

（一）意義

專案作業管理簡稱專案管理。英文名稱為 Critical Project Management 簡稱 （CPM）。這是指暫時性、獨特性及跨部門等特性的作業。與一般從事例行性的工作有所不同。計畫評估技術的英文名稱為 Program Evaluation and Review Technique，簡稱 PERT。是專案管理的一種方法與技術。

（二）管理方法

專案作業常有專案的管理機制，也常用暫時性的組織架構為之管理，並且以橫向整合方法進行溝通、協調與控管，管理方法常用網狀圖解的技術及工具。PERT 的方法常製成時間表或流程圖，以箭頭表示先後順序。圖中含有事件、活動及關鍵路線三個概念。

（三）事例

企業組織中常見的專案包含新事業投資專案，市場行銷專案、產品研發專案、組織變革專案、問題解決與改善專案、管理系統導入專案、資訊系統發展專案、功能部門的臨時任務等。

（四）目的

企業組織設立專案的目在能獲得利潤、開創、建置、解決、與改善。這些目的或功能常不易被具體衡量。

五、時間管理

（一）意義

時間管理是指有效利用時間的規劃與控制，使能在特定時間內做該做及不做不該做的事，目在能使企業穩定並發展。

（二）必要性

時間是重要的生產要素之一，每種生產過程都需要耗費及使用時間，也必要在緊要或適合的時間點進行，才有意義與效果。因此針對生產的時間因素必須能善作計畫與控制運用的管理，才能使生產有效能與效率。

（三）時間管理的方法

時間管理有下列幾種重要方法。

1. 時間計畫

有日計畫、週計畫及月計畫等。將每特定時間內要做的事列出時間表，排出先後順序及預定完成時間，必須將之做完。

2. 將要做的事按重要與緊急的強弱分成四個象限

緊急的事可先做，但重要的事則要多花時間、設備、計畫與防範。

3. 記錄

將在不同時間要做的事做下記錄，以防遺忘，也由記錄明瞭自己對時間的使用與耗費情形，使能儘量不將有用的時間，消費在非生產性的事務上。

4. 依輕重緩急排序

將工作的輕重緩急分成三大類，即緊急重要、次要及一般三類。也估計每件工作所需耗用時間，使能更有效利用時間於工作上。

5.考慮不確定性

預留不確定性的意外事件所需要花費時間。最好的辦法是在不忙的時間就將必要做的工作儘快做完，或壓縮時間流程，也可空出較多剩餘時間做為應對意外事件之用。

六、生產力管理

（一）意義

生產力管理是作業管理很重要的一環，是針對工作效率的管理。有效利用每日工作時間，使能獲得最大的生產量及最大生產效益。

（二）管理要項或原則

生產力管理可從提高工作效率及提高管理效率兩大元素或要項著手。

1.提高工作效率

是指每個員工工作效率的提高，重要的做法包括提高工作速度、經由教育訓練，使其能熟悉作業技巧，消除作業的瓶頸、簡化工作程序、合理布置物料及工具、減少非必要人員、準時開動及關閉生產線等。

2.提高管理效率

提高管理者的管理能力，也能提高生產力。管理者提高管理效率的方法也有許多，包括掌握相關資訊、經常與部屬溝通與協調、縮短變換生產線時間、充分準備工作資料及工具、在各工作單位安排支援人員、安排合理的加班、對新生產線要有充分的了解及準備。

第五節　物流管理

一、重要管理概念

　　物流是指物品的流動，包括原料及產品變換地點。物流管理的主要概念則有四要點：（一）對原料進貨流程的設計，（二）使物品流動路線儘量求短，減少費時費力及費錢，（三）減少物件在流程中的消耗，（四）提高物品搬運的效率，包括省時、省人、省力與省錢。

二、物料存放管理

　　物料管理從物料入庫開始注意下列事項的管理，包括卸貨、點收、檢驗品、安排置放位置、堆放作業。對於存放的倉庫也要注意倉庫管理。要點包括清潔、整齊、通風、防火、防水、防腐、保持良好存放及運作狀態。存放位置除注意分區使能容易辨認及出貨外，也應注意方便先進先出的原則。進出物料及各種管理關卡都要有單據的記錄，以便檢驗存查。物料存放的資料也要有詳細資訊，可方便溝通與變動。

三、產品流動管理

　　生產完成的產品需要先入庫存放，出售後再出貨。也有的產品於產出後就直接運送給客戶的情形。入庫與否都需要管理，管理的要點除了要注意物料存放的要點外，還更必要確認產品並對產品作品質管制。將同品質同規格的產品置放一起，方便供應特殊的需要。

　　為能確保物品不被竊盜的危險，必經要做好驗收、列冊、守

衛、點查等程序。有些產品會損毀消耗，包括蟲害與鼠害，必要定時檢核、修護、報廢、清理、變賣或再利用等，也都要有詳實的記錄。

四、搬運管理

（一）意義與種類

物流的一項重要動作是搬運，故對物料與產品的搬運都要作妥善的管理，才能減少損失，增進利益。具體的物品搬運有水平或斜面搬運及垂直搬運兩大類型。

（二）搬運原則

物品搬運要注意幾個重要原則。

1.規劃原則。規劃全部物品的搬運和儲存活動，以達成最大操作效率。

2.系統原則。將各種物品搬運整合成很有系統，包括顧全每方面的系統。

3.流程原則。提供最佳流程的順序與布置。

4.簡化原則。減少、消除及合併不必要的搬運。

5.動力原則。儘量以能節省人力的搬運。

6.空間利用原則。儘量使建物空間容量最高。

7.單元最大容量原則。增加單元載重的數量、重量與體積。

8.機械化原則。將搬運作業機械化。

9.自動化原則。與機械化相近，但儘量利用自動化機械。

10.設備選擇原則。配合物品的性質，選擇最適當的搬運設備與方法。

11.標準化原則。搬運設備標準化。

12.適應性原則。也即是靈活適應搬運目標，運用搬運設備與

方法。

　　13.減輕自動原則。減少空重與載重的比率。

　　14.使用率原則。使設備與人力的使用率最佳化。

　　15.維修保養原則。搬運設備應定期保養。

　　16.過時作廢原則。以更有效的搬運設備與方法取代過時者。

　　17.管制原則。對搬運物品過程要做好管制，以利生產及銷售。

　　18.生產能力原則。使用搬運設備增加生產能力。

　　19.搬運作業效能原則。採用適當單位搬運費用改善搬運績效。

　　20.安全原則。加強搬運過程的安全。

第六節　技術管理

一、技術管理的意義

　　技術對生產的意義是指用為實際生物的工藝性操作方法與技能。重要的工業生產技術涵蓋物理性、化學性及生物性的技術。技術管理是指對技術的科學研究及活動進行的計畫、協調、控制及激勵等方面的管理工作。

二、技術管理對生產管理的重要性

　　企業所使用的技術涉及到企業經營的許多方面，但以生產技術最為基本，也最為重要。技術是生產不可或缺的要素。運用生產技術，才能將原料轉換合乎需要的產品。而技術要能改進並能適當使用，必須經妥善的管理。也即要經過設計、協調、控制與激勵的

重要管理過程，才能將最合適最有效的技術用於生產上。

三、技術管理的重要內容

就有關技術及技術管理的四項重要方面，分別說明其重要內容如下。

（一）技術計畫

技術計畫主要包括計畫如何開發及利用新的或最合適的技術。計畫之前必要先做預測，預測企業生產所需要的技術及獲得的可能途徑，進而規劃如何取得及如何使用技術。

取得技術的重要途徑有研究發明、改造舊技術、轉移已有技術等。使用技術則要考慮適合原則，合理使用則要配合其他生產因素與條件，也能符合生產目的。

（二）技術協調

技術協調是指與其他單元或條件的和諧配合。需要協調的單元與面向很多，包括技術與技術的協調、技術與人的協調、技術及物的協調等。

（三）技術的控制

技術在研發、引進、轉移與使用的過程中，都要加以控制。負面的控制在不使其走樣或變質，也不使其流失或退化。正面的控制則要使其安全性，且要能符合生產目標，包括生產品質良好又符合經濟原則的產品。進步的生產技術控制都用自動化控制，主要以電腦為工具，其控制的能力及準確度都很高。

（四）技術激勵

技術要能進步並有用則對開發者及使用者都要加以激勵。有

效的激勵可借助外部條件，才能確實發生作用，達成效果。有關激勵的力量有學者提出五力的說法，即是 1.拉力，2.推力，3.壓力，4.規範力，5.自我激勵力量。

　　拉力是指用鼓勵的方法來拉攏人心。推力是指推動力，設計可以推動人心願意投入技術改進與使用的行動。壓力是指使用競爭等方法使人感到有壓力而願意投入技術改進與使用。規範力是經由巧妙運用道德規範的力量，積極影響人力。自我激勵力量則是由企業的員工自己覺悟也自我努力鍛練參與技術開發工作及使用活動。

第十五章　銷售與服務管理

第一節　行銷管理的意義、性質與哲學

一、意義

　　行銷管理是對行銷（marketing）的管理，而行銷是指將物品、服務或商標的價值與顧客溝通，並以推銷出售為目的。（Marketing is communicating the value of a product, service or brands to customers, for the purpose of promoting or selling that product, service or brands.）

二、性質

　　行銷必須具備技術，包括經由市場分析、市場區隔、了解消費者行為與廣告產品價值給消費者等技術，並且撰擇市場目標。從行銷全社會的位置而言，這是連結社會上的物質需求及反映的經濟型態。行銷可經由交換過程建立長期關係而能滿足這種物質的需求。行銷借重藝術及行為學等應用性科學，也利用資訊技術，經由管理應用在企業及組織上。

三、哲學

　　不同的組織或企業有其不同的行銷管理哲學，也即是其觀念、價值、目標、規範都會有差異。有的企業相信生意銷路大就賺

多的哲學，因此會盡力擴大行銷規模。有的則深信小本經營穩紮穩打，其行銷哲學就會比較謹慎小心，但是行銷的基本哲學觀念則甚一致。管理哲學不同的組織或企業，對行銷一致性的基本哲學概念的認識與了解則具有下列五種要項。

（一）生產性的概念與哲學

持這種概念或哲學者，以為價廉就有廣大的銷路，就可銷售龐大的物品或服務數量。其實並不全然，有些消費者認為高品質比價廉更重要。

（二）重品質的概念或哲學

相反於注重價廉的行銷概念或哲學是注重品質的概念或哲學，以為品質好必能吸引顧客的喜好。但這種概念與哲學也不全對，有些顧客對於價格仍是很在乎與敏感。

（三）推銷性的概念與哲學

這種企業或公司認為物品要能吸引顧客必須用推銷。經過推銷便可教育與吸引顧客對物品的喜愛，而願意購置。事實上過度推銷也很容易引起顧客的反感。

（四）福利性的概念與哲學

此種行銷概念與哲學是盡量提供顧客優惠福利，使顧客滿意。這種行銷概念或哲學似乎很注意將行銷也能提供社會福利，且能造福全社會的消費大眾當為重要前提或目標。

（五）社會性的概念與哲學

這種行銷概念與哲學不僅注意能使顧客滿意，也要能使消費者大眾滿意為前提。這種行銷可當為公司或企業長期性的行銷概念與哲學。

第二節　行銷管理的運作過程

行銷一種產品或服務必要經過五個重要的步驟或過程，依序並說明如下。

一、確定使命

行銷策略的第一步是要確定使命，即是明確設立公司或企業對社會大眾的長期意義與使命。許多公司或企業都缺乏此一步驟，未能有明確長遠的目的或使命。多半都是以營利賺錢為出發點。欠缺長遠的眼光與使命，失敗的可能性很大，成功也不甚足取。

二、情勢分析

此一步驟主要在分析市場情勢及機會，共可分析兩種市場的情勢。

（一）分析產品的市場

這是指對確定的企業使命的選項作市場的長短處及機會或威脅分析，也即常說的 SWOT 分析。分析之後，如果長處多於短處，機會多於威脅，就可決定拓展新市場，加緊行銷發展。

（二）分析原料的市場

企業要能永續經營除了商品市場要穩定，原料市場也要能穩定。原料市場常需要原料商努力行銷，但生產者也要能分析情勢，掌握良好商機，才能使原料供應不缺，也才能使企業永續長存。

三、建立目標

　　此一步驟包含建立銷貨量、市場占有率、收入及利益等多方面的目標，且對每一小目標定下每年要達到的成長情勢與水準。對已選定的目標作市場定位，包括品牌、功能、廣告訴求及價格等。

四、選擇達成目標的策略與方法並實際施行

　　目標設定之後，規劃者或管理者就需選擇目標，決定要做何事，之後就要考慮工作方法，包括如何做、由誰做及何時做等。

五、評估

　　對已實際行銷之後評估其成敗得失，做為修正目標及策略與方法的參考依據。

第三節　行銷控制

　　行銷控制是管理中一種很重要的過程，這種過程的重點工作在於衡量及監督行銷的計畫及實務。經控制的過程可知行銷的進程是否按計畫在進行，若發現有誤，便可即時扭轉導正。

　　控制要經由衡量、評鑑及監督。首先要設定標準，以便將實際業務與標準相對照，用以測知偏差的程度，進一步做準確的糾正。行銷控制的做法有許多種，在此選擇若干較重要的行銷控制實務說明如下。

一、市場調查

　　掌握市場的脈動是控制行銷的第一要素，由調查而了解市場脈動，才能進一步應對有效的行銷策略。市場調查的重點放在客戶的分布、需求、滿意與否、價格的變動與問題。發現的問題可當為控制與改進的標的。

二、建立與客戶的關係

　　穩定老客戶，尋找新客戶也是有效行銷的控制要項。面對老客戶中的惡客，必會有去留的兩難。當留住不如捨去時，也只好切斷關係，控制不遭受嚴重的損失。

三、運輸過程顧全品質的控制

　　貨物在運輸過程中容易損傷而破壞品質，必要妥為包裝或冷藏等，以免碰撞或腐爛，致使品質變差，影響企業的商譽。此外運輸過程時間的準確，也是品質控制的重要目標。

四、收款的控制

　　售貨之後的收款是很必要的行銷控制環節，必須到帳款收進，整個行銷過程才算完成。在收款過程中常會遭遇呆帳難收、拆扣減收、拖欠晚收等難題，考驗行銷商家的耐力與手腕。既使行銷的好手也常會在最後一關遭受障礙，很必要設法控制，不使企業損失，並能有利後續行銷。

五、銷貨分析

這也是行銷控制的重要步驟之一。分析的重點包括銷貨速度、客戶分布、數量、增減、經銷商的績效等，這些分析都為改善行銷的重要依據。

第四節　市場區隔、選擇與定位

一、市場區隔的意義與重要性

（一）意義

市場區隔的意義是指將行銷市場分隔成不同區塊，以不同的方式行銷。將全部行銷系統區分多個市場，不同的市場形成不同的購買群。針對不同市場的顧客可做成較有效的互動與服務，從特殊也較有效的互動與服務得到更有用的資訊，制定及發展更有效的行銷優勢。

（二）重要性

市場區隔有其重要性，影響市場區隔的因素也會有差異性。就顧客的性質看，可分成高低收入的不同、老少年齡的不同、男女性別的不同、社會階層與地位的不同等，其消費文化習慣不同、對物品嗜好也不同，行銷時必要作市場區隔的規劃。

銷售地點的遠近也常是必要作市場區隔的重要影響因素之一。對遠近兩地市場的行銷的包裝、運輸、收款等行銷方式都可能要有區別，才能較為合適。

商品性質不同，也是必要作市場區隔的影響因素之一，有些物品能符合消費者大眾普遍需求，市場區隔的必要性較低，但不少物品僅為特定消費者所需求，必須對特定消費者與一般消費者加以

區隔。

　　市場區隔對促進行銷是很有用的策略，但也不是所有的企業在行銷時都需要運用這種策略，當市場規模越大、企業的規模越大時，市場區隔越有必要，這種區隔有利於行銷的分工。區隔越精細，也相當分工越精細，行銷效果會越良好。當市場規模越大時，區隔出來特定群體的共同特性越明顯，區隔也才較有意義。區隔之後在行銷業務上也必要有具體的行為動作，例如銷售不同等級與價格的貨品。

二、市場區隔行動法則

　　企業在進行市場區隔時，必須注意幾個重要的行動法則，也即要按這些法則進行實際的做法。將這些法則列舉說明如下。

（一）區隔明確的市場別當為顧客群體別

　　經由市場調查分析，將市場明確區隔成數個性質有具體差異的區塊或群體，這些群體分別是不同的行銷對象與目標。

（二）制定整體的行銷策略

　　對所有市場的行銷策略先做成整體性、整合性的規劃與決定。如要同時均衡進行行銷，或擇選重要者行銷的策略等。

（三）對選定市場進行不同的行銷策略，或對重點市場作重點行銷

　　將市場區隔完之後接著就要進行實際的行銷行動，行銷時可對所有市場都進行，也可只選擇合適的市場行銷，視企業行銷的整體政策而定。對不同市場行銷的策略與方法必須依市場的特性而有特殊的策略與方法，目的在能有效行銷。

（四）使自己的企業在市場上有一定的地位

行銷的活動也能樹立企業在市場上的品牌與地位，地位越穩固，品牌形象越良好，表示行銷越成功，實際銷售績效也會越良好。為使企業能在市場上占有重要的地位，在行銷過程中可能必要與競爭者搶占市場，爭取游離型顧客，也要穩固自己的顧客，或直接攻進競爭者的市場範圍。

三、市場選擇

（一）意義

市場選擇是指從區隔的市場中選擇一個或多個做為目標市場。這種市場是本企業對顧客最有吸引力或最有受惠顧潛力的市場。以此種市場當為行銷目標，成功的可能性會較大。

（二）目標市場選擇的準則

企業在選擇目標市場時，有幾項重要的選擇準則，把握這些準則有利企業行銷成功，經營也成功。

1.有規模及發展潛力的準則

行銷要有績效，必須要有一定規模及發展潛力的市場。規模與發展潛力常會有一致性，但也會有不一致性。一般大城市的顧客規模都較大，可能會較有發展銷售潛力，但也因為駐進的同款商家太多，競爭性大，發展潛力反而會受到較大的阻礙。在人口較少顧客也可能較少的小城鎮，顧客規模可能會較小，但競爭對手也可能較少，反而會有更大的發展潛力。兩地之間何者為目標市場較適當，就有待行銷管理者的判斷。

2.注意各區隔市場多種競爭威脅的準則

各個區隔的細分市場，都有多個競爭威脅的因素，對於企業的行銷會有嚴重的威脅，行銷管理者必要加以注意，作為選擇目標

市場的參考依據。這些重要的競爭威脅力量至少有五種，包括細分市場內激烈競爭的威脅、新競爭者的威脅、替代產品的威脅、購買者討價還價能力增強的威脅、供應商討價還價能力增強的威脅。企業面對這些細分市場的各種威脅，必要善作應對，克服或減低各種威脅，才對行銷有利。

　　3.符合企業目標與能力的準則

　　選擇市場時除注意行銷潛力，也應注意符合企業目標與能力的準則。雖有發展潛力卻不能符合企業目標的市場寧可放棄，不適合能力所能為的市場，也要能割愛放棄，否則都只會拖累，於企業目標的達成無助也無益。

（三）目標市場選擇的策略

　　企業在選擇市場時除要注意前面所指出三種準則，也有三大策略可供選擇參考與依據。這三大策略的名稱及性質如下所列。

　　1.無差異性目標市場的選擇

　　此一策略是將整個市場當為一個大目標加以行銷。一般大規模生產又有廣大行銷力的公司，運用廣面性宣傳廣告，如在電視上廣告，才會採取這種行銷策略。

　　2.差異性目標市場策略

　　這種策略是將整個市場劃分成若干不同目標市場，針對每個不同目標市場訂定不同的行銷計畫，分別滿足不同顧客或消費者的需要。

　　3.集中性目標市場策略

　　這是只選擇一個或少數幾個市場當為營銷的目標，攻取市場上的優勢地位，適合中小企業採用。

　　市場被選定成行銷目標後，在產品的選擇上也有幾種不同策略，包括全部市場只選擇一種產品，不同細分市場各選擇同一種專

業化產品，在不同市場分別各選擇一種不同的專業化產品，對同一
細分市場提供多種不同專業化產品，以及對所有市場提供其所需要
的各種不同產品。各種產品選擇策略配合市場選擇的不同種類，同
時進行，目的都在使產品能從最適當的市場管道銷售給消費者顧
客。

四、市場定位

（一）意義

　　市場定位是指企業將其產品的特性，在市場上創造鮮明獨特
的形象讓顧客消費者留下深刻印象，使產品在市場上確立適當的位
置。要使產品在市場上定位行銷，就需要對顧客消費者下功夫，使
其在心中對產品有差別性的感覺與認識，可由提升產品品質，配合
適當必要的宣傳廣告而建立。要定位的產品包括已經在市場銷售的
產品，及將推出的潛在性產品，可分別爭取兩種不同的定位。

（二）市場定位的依據與內容

　　市場定位依據若干重要因素，依據不同因素而得到的定位也
成為其定位的內容。

　　重要的定位內容有四種。

　　1.產品定位

　　這是指依據產品的質量、成本、特徵、性能、可靠性，利用
性及款式性等的定位方式，每一方面的產品定位內容又可按多種影
響因素不同而有不同定位。

　　2.企業定位

　　即將企業形象塑造成品牌、員工能力、知識、言表、可信度
而成的定位。

3.競爭定位

確定與競爭企業或產品比較而得到的定位。

4.消費者定位

建立在消費者顧客特性上而得到的定位。

（三）市場定位的步驟

市場定位的關鍵作為是企業為自己的產品取得競爭優勢，重要的優勢建立在兩個要點上，一是取得低價的優勢，由降低成本而取得比競爭者較低價格。二是在品質上取得優勢。為能取得這兩項關鍵性的優勢定位，在行動過程上必要經過以下三個步驟。

1.分析市場現狀，確認本企業或產品潛在的競爭優勢

此一步驟共要經由三個過程：（1）了解競爭產品的定位狀況，（2）認識目標市場顧客的欲望及滿足程度，（3）企業應對競爭市場定位和潛在顧客的需要，表示具體行動。為達成市場分析的任務，必須經由調查訪問、統計分析及撰寫報告等。

2.準確選擇競爭優勢，對市場目標初步定位

為能準確選擇競爭優勢，必須與競爭對手作一完整體系性的比較，包括在經營管理、技術開發、採購、生產、市場營銷、財務及產品等方面的比較，從中選出優勢的強項當為優勢項目，並當為企業在目標市場所處的優勢位置。

3.顯示獨特的競爭優勢並重新定位

企業由通過一系統的宣傳廣告與促銷活動，將獨特的競爭優勢深刻烙印在顧客印象中。使顧客能熟悉了解、認同、喜歡也偏愛本企業的市場定位。進而再努力爭取顧客對競爭優勢的印象，鞏固市場優勢地位。為避免顧客對本企業市場優勢的誤解或偏差印象，本企業在遭遇競爭者對本企業的壓力提升，或消費者要求發生變化時，都要重新定位，給消費者新印象，爭取並鞏固市場優勢地位。

重新定位可能導致重新命名、改變價格、改變包裝、甚至改變產品的用途與功能，也因此企業可能要付出成本。企業必須考慮轉嫁成本，使新定位也能為企業獲得更大利益，才能合算。

（四）市場定位的方法

市場定位的核心意義是使產品能與眾不同，因此市場定位策略也可說是產品差異化策略，換言之，要使產品能得到市場定位，也即要使產品能表現差異性。而產品差異性則可表現在下列許多方面，包括：

1.質量差別化。不少名牌商品都在品質上表現較優質的差異性。

2.價格差別化。由高價位、中價位或低價位等不同價格差別，使商品能得到目標市場顧客的青睞與支持。

3.款式差別化。在服裝、家具、手機、皮包等商品上最強調款式的差別化，藉以吸引目標顧客的喜歡與購買欲望。

4.功能差別化。商品常由提高技術含量，使其功能與競爭者有別。

5.顧客群差別化。商品常由改善品質或提高知名度而使特殊顧客群能特別感到需求與滿意。

6.使用場合差別化。不同商品常藉著使用場合不同，而使其在合適場合提高地位。

7.分銷管道差別化。由建立產品的特殊分銷管道，也可奠立市場地位。

8.廣告促銷方式差別化。同類產品也可由採用不同廣告促銷方式而建立其市場定位。

由於差別化的途徑很多，同一企業或同一類產品為避免在不同方面的差別性造成紛亂與相互衝突，乃必要進行整合。

第五節　產品設計與價格管理的行銷策略

一、產品設計與價格是行銷的兩要素

（一）設計價格的重要性

　　在商品交易過程中，顧客最在意的兩要件是品質與價格，品質好壞關係商品的功能與使用時間，及使用者的感受。價格則關係實際的經濟損益與盈虧。這兩要素都可經由行銷管理者的設計而有不同的水準。

　　產品設計是指產品在製成產品過程中的技術規劃，也影響產品的成本與價格，對產品行銷的成效影響至鉅。

（二）影響產品設計的四要素

　　產品設計的影響要素有四項：（一）社會及自然環境要素，兩者包含的範圍都很廣泛，詳細的項目很多。（二）技術要素，包括使用原料、製造、加工等技術。（三）審美要素，設計目標除實用也需顧及美觀，與設計者的美學觀點、修養及學識有關。（四）人本要素，包括消費者的需求及觀感等。

（三）價格管理的意義

　　價格管理在企業或組織的層次是指對產品價格的決定，實行監督與控制等過程。產品在完全競爭、不完全競爭、寡頭獨占及完全獨占的市場中，決定型態與力量會有差異。但都必會定出特定價格，此一價格的高低，對企業的生存、利潤與發展會有很大的影響。決定產品價格的水準與成本有密切的關係，合理的價格不應低於成本，但實際價格除了受成本因素影響以外，也常受到人的心理、政府的政策、競爭的程度等因素所影響。定出的水準有可能高於、相等或低於供給成本價格。

二、產品設計的過程

一般商業性產品設計都經過三個主要過程。

（一）提出設計方案

這種方案可由上級交付設計部門辦理，或由設計部門呈給上層管理者核準通過後製成。具體方案寫成書面文件，內容包括：1.設計依據或理由，2.產品用途及使用範圍，3.對計畫書的修改或改進意見，4.基本參數或主要技術性指標，5.總體布局以及主要部份結構敘述，6.產品工作原理及系統，7.與國內同類產品水準分析比較，8.標準化綜合要求，9.關鍵性技術解決辦法，10.對新產品性能的分析，11.組織相關部門對新產品行銷的看法，12.評估客戶對新產品的滿意度及需求，13.對新產品的設計試驗經費預計。

（二）技術設計

此一過程也包含許多細項：1.試驗研究，2.製出產品設計者，3.繪製設計產品圖標，4.進行產品的工程及經濟分析，5.繪出各種相關原理詳圖，6.說明新產品原料來源，7.審查計畫方案或任務書的內容，8.分析新產品維修的可行性。

（三）工作圖的設計及說明

產品設計過程中的工作圖設計是很重要的步驟，新產品常根據設計圖製造模型而後實際製造加工生產。這種圖樣的設計包括下列幾個重要部門：1.繪製零件圖及部份裝配圖，2.編寫設計圖的說明，3.列舉產品技術條件，包括技術要求、試驗方法、檢驗規則、包裝標誌及儲運，4.編製試裝鑑定大綱，5.編寫文件目錄及圖樣目錄，6.繪製包裝設計圖樣及文件，7.繪製出廠圖樣及條件，8.載明廣告宣傳式樣及文件，9.提出條件化審查報告。技術設計常使用精密的電腦工具協助製作。

三、產品價格設定過程

　　產品的定價關係銷售績效，因此價格設定過程必須要很慎重，重要過程至少包括六個重要步驟。

　　（一）選擇定價目標。一般產品的重要目標以能達到利潤最大化、擴大市場份額、保持競爭性等。

　　（二）分析影響價格的目標。包括成本、競爭者的價格及替代品的價格等。

　　（三）選擇定價方法。以便於制定出具體的價格或價格範圍，不能定得太高，或者太低。

　　（四）考慮定價策略。包括特殊價格調整策略。

　　（五）選定最終價格。包括主產品及副產品的定價都組合在一起。

　　（六）價格調整。包括差別定價或定價折扣等。

第六節　促銷策略

一、促銷的意義與功用

（一）意義

　　促銷是指企業利用各種有效的方法與手段，使消費者了解和注意企業的產品或服務，激發其購買欲望及行為。促銷的重點工作在信息溝通，可說是行銷的非常性特殊措施，常用減價、附贈禮品及舉辦說明活動的方式進行。

（二）功用

　　促銷的主要功用有四項。一是傳遞產品銷售的信息。二是創造需求，擴大銷售。三是突出產品特色，增強市場競爭力。四是反

饋信息，提高經濟效益。

二、促銷的主要策略或形式

促銷商品的主要策略或形式有許多種，可歸納成七大項。

（一）廣告

廣告是經由媒體勸說消費者大眾使用及購買產品的訊息溝通行為。類別有很多種，重要者包括報紙廣告、電視廣告、電影廣告、廣播廣告、海報廣告、招貼廣告、網路廣告、行動電話簡訊、郵件廣告等。

（二）減價或降價

減價或降價常用定價打折或絕對較低價格來吸引消費者顧客。減價的時機常在貨品滯銷、貨源過剩、即將過期、在收攤清倉之前、在節慶日或假日行之。有些減價行動也經廣告告知消費者，有些減價或降價則是不經廣告的短暫行為。

（三）拍賣行為

拍賣是一種偶爾行之的新鮮有趣的推銷活動，先設定低價。有一種是由低價開出，顧客逐漸加價的方式拍賣。另有一種是高價開出，無人問津時，逐漸降價，至有人開價敲槌定案。

（四）有獎促銷

以抽獎的方式，附贈獎品作為促銷活動，獎品價值越高，中獎機率越大，促銷的效果會越良好。獎品種類通常是家庭必用的物品，也有現金，都很能吸引人。

（五）捆綁消售

此方法是將較難銷售貨品捆綁在易銷的貨品上，一起銷售，

使顧客對難銷物品難以拒絕。

（六）生動的陳列

　　不少商家靠生動的陳列吸引顧客上門，包括將商品作生動的陳列，或附設一些生動的活動設施，如小孩子的遊樂設施或投幣音樂盒之類，目的都在吸引顧客。

（七）廣場、擺攤促銷方法

　　有些小販常在廣場擺攤，當為促銷的方法，早前農村中擺攤的賣藥郎中，今日在城市中也有小販或流浪藝人用擺攤方式售貨。但在進步的國家，這種擺攤行銷方式逐漸被列為非法的地下經濟活動，會被警察取締，但也有些國際知名的都市，為吸引國際觀光客，會特設合法的擺攤場所，也能增加遊客逛街的興趣。

三、促銷的特性

　　商業促銷具有若干重要特性，與一般常規行銷的性質有所不同，這些特性是針對性及有效性強，具有衝擊力，在短期進行，後可轉換或長期目標，具有主動性、全面性、靈活性、抗爭性、發展企業形象以及整合營銷等優點。

第十六章　自我管理

第一節　自我管理的意義與重要性

一、意義

自我管理的簡明意義是指個人對自身的管理。在此定義下管理涵蓋許多方面的意義，包括監督、約束、控制、要求、激勵與發展等。能自我管理的人在這許多方面的管理都不必假手於人，可由自己的用心與努力達成。

自我管理是管理範圍與領域內的一種重要方式與形態，與一般所指管理他人或自身之外的事物有點不同。自我管理強調自己管理本身及有關的許多事物，不必假手於人，或專為他人設想。這種管理行為的主客雙方同為一人，所以管理過程的主客體合而為一，兩者在管理過程中都處於較主動的情況。

二、自我管理的重要性

自我管理是很重要的管理概念與實際行動，重要理由至少有如下幾點。

（一）最能簡便實行且最能容易見效的管理工作

比較其他正規的管理工作，自我管理是一種較特殊但也能較簡便實行，且較容易見效的管理工作。這種管理的簡便之處在於管理者隨時可施展管理行為，施展得宜就能不必依賴他人，而可立刻

見到成效。不像一般正規的管理工作，強調由施展對他人或身外事物的管理而收到效果。常需要他人或其他事物的配合，配合不當，效果很難見著。

（二）一般的管理階層常會疏忽自我管理故很必要強調

自我管理之所以重要，也因這種管理容易被管理階層疏忽。管理者常只知或只會注意管理他人或他物，反而常忽略自我管理，以致未能以身作則，管理的實務也難達成良好績效。因為自我管理的功用如此重要，故在管理學上不得不加以重視。

（三）社會上人人都有必要自我管理

自我管理在狹義的概念上，常只指企業管理者或社會工作上管理者或被管理者需要的自我管理。廣義而言，社會上人人都必要自我管理，由自我管理而成長與發展。每人需要自我管理行為的面向很多，包括管理工作、生活、為人、處事、身心健康等，無一樣不必自我管理。因為人人都需要自我管理，且管理的內容極為多樣複雜，每人都需要學習與實踐，管理學上也必要認真研究與討論。

（四）做好自我管理可使個人、組織與社會獲得好處

自我管理之所以重要，另一重要理由是可使個人、組織、團體與社會獲得好處。個人的好處是可獲得激勵、成就與發展。組織與團體的好處是能有良好的運作與功能。社會的好處是能協調、發展與進步。

第二節　管理者容易忽略自我管理的問題與原因

自我管理很重要，但是不少管理者雖然很會管理別人，卻常遺忘管理自己。因此即使針對管理者，仍有特別強調並提醒其重視

自我管理的必要。管理者常會忽略自我管理，有幾個原因造成，將之列舉並分析如下。

一、習慣行為

管理者的主要任務是管理他人及組織的事務，長期習慣行為使其由必要而成為只會注意他人的對錯，及管理他人的是非，卻很容易忽略及遺忘管理自己。這種習慣的養成因例行的職責與工作使然。

二、嚴苛自私

有些管理者雖然也知管理自己的必要性，卻因為嚴苛自私的個性與待人之道而有意寬待自己，不作自我管理。凡是有錯誤或問題都認為是別人的錯，不做反省與自責。待人嚴苛者對待自己都很寬厚。

對待他人嚴苛的管理者多半也都很自私，喜歡挑剔他人的毛病，卻寬待自己的過錯，少作反省與自我檢討，當然對自我管理就很不周到。

三、盲目瞎搞

社會上不入流的管理者也有不少，有些程度與品質不佳的管理者，做起事來盲目瞎搞，甚不明智，既未能管好他人，也不能管好自己。這類管理者可謂很不入流，自我管理能力也很差，對組織及團體事業的管理也不會有好績效。

四、專制獨裁

管理者由於掌握大權,很容易指責他人的不是,因而也容易流為專制獨裁。獨裁管理者的特性會認為錯誤都是他人造成,自己並無責任。因此常會對受管理者施展獨裁專制的作風,包括苛責他人、修理他人、開除他人、始終不肯認為自己有錯。

五、權力傲慢

組織中管理者是擁有權力之人,習慣發號施令,支使別人,卻不受別人支使。工廠企業的經理人對員工掌握生殺大權,公家機關的主管對部屬掌握考績大權,更高階的政治領袖掌控國家的資源與機器,影響百姓生靈,權力很大。有權力的人容易傲慢與腐化,習慣養尊處優,不知民間疾苦,也少反躬自省,不加管理自己,只關心自己的特權。

六、自以為是

管理者忽略自我管理的另一原因是自以為是,因為身處管理者地位,下屬員工都以其馬首是瞻,為首的管理人員見員工唯唯諾諾,未有激烈的反抗,使其自我感覺良好,不易察覺自己的毛病與缺點,剛愎自用,自以為是。這種人常忽略自我管理,常要搞得天怒人怨,黯然下臺收場。

七、社會歪風

管理人員不知自我管理者,本身固然是關鍵,應自負大部份責任,但並非全部原因都由自己造成。社會歪風未能給予管理人正確的環境與概念,容易姑息養奸,提供不良的錯誤示範,使管理人

員未能潔身自好，管好自己，實也是其常失於自律的重要因素。有些中階的管理者常因上位者行為不軌，造成上行下效。高階的管理人員也因員工幹部或民眾逢迎巴結，致使未能察覺知錯。追究各階層未能自我管理，實也都有一部份是外界環境原因造成。

第三節　自我管理的要項

　　個人自我管理要能實現良好，必須先要了解自我管理的要項，重要者至少共有四項，一是管理目標，二是管理標準，三是管理方法，四是管理實踐。就這四要項的重點說明如下。

一、管理目標

　　人生在世有必要自我管理，管理必先設定目標，也即要先決定管理何事，當為社會的正常人或善類，必要管理的事項不外下列幾項：（一）對工作的管理，（二）對財務的管理，（三）對時間的管理，（四）對人格的管理，（五）對情緒的管理，（六）對自我品牌的管理。在這些目標下自我管理的要點將分別於本章下列各小節加以討論。

二、管理標準

　　自我管理的過程於設定目標之後也必要訂立管理的標準，意指要將自己管理達到什麼程度或境界，如要管理成一般正常人、上乘的人，或最高等的人。不同管理標準會決定管理方法與努力實踐的程度不同。

　　管理標準的設定可由自己選擇，但要設立何種標準也要參考

社會情境，包括他人的期望與觀感，故難免會受他人的看法與意見
所影響。社會上多數的人都將自我管理標準定在一般正常水準，僅
有少數較有心的人設定在水準之上，卻也有少數不成器的人，會將
標準設在一般水準之下。

三、管理方法

可驅使個人管理自我的方法很多，個人稍作用心就不難獲
得，重要的方法有學習、反省、實踐等。學習可由讀書、觀摩、思
考與效法的途徑獲得。反省則要靜心、虛心及反思並求改錯與修
正，甚至要更加積極進取。實踐則要將管理的想法與看法應用並表
現在日常生活中，化成行動，始能吻合管理的目標，向目標推展，
使目標達成與實踐。

四、管理實踐

管理實踐是指實踐管理的概念，將概念表現在行為上，包括
口頭表現，如論說、對話。也包括行動表現，如腳踏實地做出行
動。全部實踐行為包括口到、心到、手到與腳到。

第四節　自我工作管理

工作管理是自我管理的第一目標，因為人生下來要活命就必
須工作，獲取必要的生活資源。就此目標的自我管理要點分析說明
如下。

一、以工作自食其力安身立命

工作是自食其力的方法與途徑，人由工作而自食其力，並獲得安身立命。人一生下來就要食、衣、住、行、育、樂等消費，經過這些消費，才能活命並成長發展。各種消費都需要資源，資源都存在自身之外，常要有能力才可獲得。

工作是獲得生活資源的重要方法或途徑，人在小時未有工作能力，常由長輩工作取得生活資源，使其消費。及長，父母年老力衰，甚至死亡，獲取資源的責任即落在下一代的身上。成年的人除了由工作養活自己，還常要扶養幼小的子女及曾經養育自己的父母等長輩，因此世界上幾乎人人為了生活都必須工作。不必工作而能過好生活者，只有少數富人的後代，或極端無工作能力不得不由他人或政府供養者。也因此社會上幾乎人人對於工作都要珍重愛惜，妥為管理。由妥善管理工作而自食其力，並獲得安生立命。對於每個人，工作都極為重要。

二、選擇工作目標

自我工作管理的第一步驟是選擇目標。世界上的人所做的事有千千萬萬種，但每個人不可能每樣都做，只能選擇合適的工作來做。何為合適的工作，主要有三個條件，第一是適合自己的興趣，因為自己感覺無趣的工作必定不可能做得起勁，也必做不好。第二是自己能力可勝任者，有些工作自己雖然有興趣做，但若能力不足，同樣也難做好。能勝任的工作是對其工作能有充分的了解，並能掌握要訣。第三是工作的性質要能合乎社會規範，不為社會所排斥或拒絕，否則也會逼使人無法繼續工作。

個人要選擇符合這三項重要條件的工作，常要經過用心思考，甚至要用心磨練。自己也必要有定見，能參考他人的選擇，卻

不能盲目跟隨他人鼻息。應能選擇自己興之所至，力之所能，又合乎社會規範的工作來做，才會順手並容易成功。

三、規劃工作程序選擇工作方法

工作目標決定後，接著就要規劃工作程序，並選擇工作方法。工作程序包括工作進程及合適的時間表。工作時間表要定出每一工作進程的時間點，以及需要花費的時間量。進程的時間表訂得越準確，就越能掌握與控制工作進展。

要使工作目標能順利達成，選擇適當的工作方法也甚重要。針對每種工作目標都可能有多種工作方法，其中有些方法有效率，有些則不然。有效率的工作方法常可使工作較快速完成，且成果會較佳，所花費的成本也都可能較為節省。如何選擇方法，則管理者的經驗與用心都是關鍵。越有經驗越能用心的管理者，通常都較能選擇合適的工作方法。

四、實際執行工作

要使工作能有成果，不能只是紙上談兵，停留在計畫階段，必須實際執行。學者的實際工作是要讀書、寫作與講學，政治人物的實際工作是要推動良好政策造福人民，工人的實際工作是動手操作機器或工具，農民的實際工作是下田種植農作物或到畜牧場飼養家禽家畜等，漁民的實際工作則要下水捕撈魚產，或到魚塭飼養魚蝦貝類。

執行工作要能確實，需要腳踏實地，按部就班，不辭辛苦，實事求是。不能偷工減料或混水摸魚。能努力執行，必有良好成果。

五、檢討工作成效與得失

　　每一過程的工作都可能有得有失，必須要經檢討才能確知成敗得失。了解工作的成敗得失有助下一步驟的工作效率與成果。對於成功的工作目標與方法，都可再繼續使用，對於失敗與不當的工作目標與方法則可能必要更換去除。從檢討工作成敗得失的過程中，不斷累積實務經驗，可使工作管理不斷進步與提升。

六、改進工作與持續工作

　　人的一生常要工作很長的時間，通常到年老時才會退出職場，停止工作。當停止工作以後，也可能還要持續做一般家務或自身的雜事。有工作就必須要改進，改進的方法與心得常由經驗與檢討中得來。不斷的改進是工作管理的最好原則與最終目標。

第五節　自我財務管理的準則

一、財務管理的必要性及其要義

　　凡是人都需要過物質生活，因此都需要取得與保存物質必需品。其中有些物質常要變換成錢財加以管理較為方便。

　　筆者見於社會上的芸芸眾生對於財務的管理觀念與行為甚為不同，在本節討論自我財務管理時，以常見的兩極管理準則作為對比討論。而所討論的管理面向則包括財務取得、使用與保存等。如此作相對比較討論的目的，在使讀者能了解極端不同管理方法的優劣得失，供為力行自我管理的取捨與參考。

二、取之有道或無道

財務管理的起步是要能取得財物。財物的取得則包含有道與無道兩個不同標準。有道取得財物的方法是使用規規矩矩的方法取得應得的財物，規規矩矩是指合乎社會規範，自己要付出應付的血汗與力量。由此法取得財物，別人無話可說，自己也可心安理得。

另一種取得財物的方法是投機取巧，以不當的手法不合乎規範的途徑強取或盜取，所得到的收穫常可超乎平常水準，卻為社會所不齒與不容，自己得之也常未有好報，可能遭受追討與報復，甚至會違法坐牢。這種取財的方法或手段雖有危險，但還是會為不少人所樂為，因為報酬率高。社會上用偷、用搶、用拐、用騙乃至由貪污、販毒、走私等不法取得暴利錢財者，都屬這一類，雖然獲得容易，但危險性也高。

面對兩種取得財物的方法，前項明顯是正途，後項則是歧途，個人要取得財物當然是要以走正途為宜。

三、量入為出或以出導入

財務管理的另一要項是對財物使用與消耗的準則。有兩項極端不同的準則，一為量入為出，二為以出導入。不同的人、不同民族與不同社會用錢及物資的習慣都會有這兩種不同的標準。量入為出者通常都能省吃儉用，以不透支為重要準則，有多少收入決定多少支出，而且支出常少於收入，多餘的收入可當為儲蓄。這種理財的方法，生活過得簡樸，但不會短缺透支。

另一種標準是以出導入，其支出水準通常都較高，為能有較高的消費水準，常要花費較多的氣力賺錢，但容易入不敷出。不得已常會以不當手法賺取黑錢，彌補黑洞與不足。個人收支以出導入者常少有存款，甚至容易有負債。國家財政政策以出導入者常會造

成國庫虧空，負債累累，實在也值得為政者深思與節制。

四、精神主義與物質至上的生活哲學

　　人類取得、擁有財物的水準及程度高低與其生活哲學是崇尚精神主義或物質至上有高度密切關係。崇尚精神主義的人，對於物質需求程度會較低。但是重視物質主義的人，會將物質的重要性看為至上無比，因此對於財物的取得與擁有也都比較在意，對於財物有較多需求，也較講究對財物的保存與使用。

　　物質主義者追求財物的種類也較多，人心重視對物質的消費。當社會物質主義興盛時，社會上必然重視對物質的創造、生產與製作。個人常以擁有較多金錢和財物為追求快樂及晉升社會地位的標準。當全社會的物質主義高漲時，通常經濟發展的水準也會提升，但道德水準可能墮落。

　　精神主義者相反於物質主義者，是以精神為生命世界和人類文化的本體思想為主張，也以生命世界及人類文化為精神的表現形態，將精神與物質作有機的結合。持這種主張者，雖然不完全否定物質，卻視精神重於物質。比較持精神主義與物質至上的人，對財物的追求與管理方式與程度有所不同，準則也會很不相同。

五、戒除奢侈或提升享受水準

　　財務管理另一項準則的對比是，戒除奢侈或提升享受水準。有人主張戒除奢侈，有人則主張提升享受水準。持這兩種觀念與態度的人，對於財務管理的準則也截然不同。持戒除奢侈者以崇尚簡樸為重要價值，擁有物質以能維生為滿足，不求華麗高貴，也不隨便浪費。但是追求高等享受水準者，對於較低品質的物質常無法感到滿足，必須講究高級品。對於價格昂貴物質的消費並不以為奢

侈，而視為正當必須。

六、追求小康或巨富

社會上不在少數的人管理財務的目標都在累積財富。但對於財富應該擁有多少，則有小康與巨富的差別。目標在能達成小康水準者，相對較能容易達成。一般能力中等者，只要努力工作又能勤儉持家，其家境多半能維持小康水準。但是要達成巨富，相對就較為困難。能成為巨富的人，多半都要有常人之上的賺錢能力與手段，所指能力是能善於投資及理財，所指手段是能有異於常人的膽量及作為，包括敢冒險、心狠手辣、不擇手段，或是才智過人，也敢作敢為。

七、安居陋室或豪宅

人對財務的管理包括對住宅的擁有與使用。現代人對於食衣住行方面改變較大的是，對住處的要求較為講究。有人能安於居住在僅能擋風避雨的陋室裡，但更多人都要求住在價格設施都較為昂貴的豪宅中。這兩種人對金錢的擁有及居住的講究程度都有差異。

八、用平價物或名牌貨

人對財務管理的另一面向是使用物品的性質。眾人所使用的物品依其品質與價格高低約可歸納成兩大類，即平價物或名牌貨。平價物與名牌貨在實質的耐用程度上差別較小，在心裡感覺上的差異則會較大。使用平價物品者在心裡感覺上都較平實。但是使用名牌貨者，除了也顧及物品的主要功能外，還更在乎社會地位與面子問題，藉名牌貨提高或不損及其身分地位，用以炫耀自我或保護自

我。

九、愛惜舊物或喜新厭舊

物品用過會變老舊。不同的使用者對於老舊物品也會有兩種截然不同的看法與感念，一種是愛惜舊物，對舊物寄以感情與懷念，另一種是不惜舊物，將之捨棄，另結新歡。

對使用過物品愛惜與懷念與否，常與認識或喜愛過的人是否珍惜念舊有異曲同工之妙。兩種不同思維與想法的人，儼然表露出兩種不同的自我管理態度與方法。

十、節儉致富或消費生財

人對於財務的管理也會有兩大不同的種類，一種是節儉成性，如果其收入不差，也不難以致富。另一種是講究消費，創造財富，但是如果創造不能成功，或績效不佳，則高度消費很容易坐食山空，傾家蕩產。這兩種不同理財的方法也容易區隔出個人對於財務自我管理的差別準則，可為學習者借鏡。

第六節　自我時間管理

一、意義與重要性

（一）意義

自我時間管理是指自己管理好自己可利用的時間，使能順利達到目標。重要的管理內容包括決定做何事，進行甚麼活動，以及如何做事或活動等。

（二）重要性

時間對每一個人是重要的資源，也是重要的限制因素。正如許多人所說，「一寸光陰一寸金，寸金難買寸光陰。」時間比金錢還寶貴。人可以用時間爭取空間，以及換取各種物資或機會。時間也常是一種限制因素，最明顯是當「時不我與」之時，雖有各種資源與機會，但會因缺乏充足時間的侷限，也就事事難展。人生來世間只有短短數十年，一年只有三百六十五天，一天只有二十四小時，都很有限。因為有限制，也就顯得特別重要，管理時間也就不可小視或疏失。

時間管理之重要也因其不加管理就很容易流失。時間隨著日月星球的轉移，在無知覺中就匆匆過去了，不加注意與管理，寶貴與有用的時間都會變成空虛與廢物。人的一生不善做時間管理，把時間虛度了，浪費一輩子，多半也都一事無成。到了老大，徒然傷悲，已經後悔莫及。

二、重要原則與方法

前人對於時間管理已研究並發展出若干重要的原則與方法，值得關心者借鏡與參考，如下選擇重要的四套原則與方法，並將之加以介紹與說明。

（一）計畫原則

時間計畫是時間管理的一種很重要原則與方法。透過時間計畫將時間的先後順序排列出利用與活動的事項，做為個人做事與活動的準則與指引，也當為工作活動的具體時間表，有這時間計畫表，工作活動就能井然有序，有條不紊。

時間計畫最必要考慮順序與長短，按順序必要排列出先後的程序，按長短額必須計畫與分割出短、中、長期等。這些重要的時

間計畫給個人當為實際進行工作與活動的依據。

（二）四象限原則

　　四象限原則是指就事件的緊急與重要兩項要素構成四個不同的象限，再依此四象限決定行動的先後與緩急。四個象限是 1. 緊急又重要，2. 緊急不重要，3. 不緊急但重要，4. 不緊急也不重要。對於這四種事件的處理時間是，對於緊急又重要的事件立即就做，對緊急不重要的事選擇性來做，對不緊急但重要的事可緩做，對不緊急也不重要的事就不做。

（三）十一條金律

　　十一條時間要素的金律是 Admin 從廣泛角度考量時間因素所提出的重要原則，2010 年在《中外管理》雜誌發表。將這些金科玉律或原則及其要義扼要列舉並說明如下。

　　1.與自己價值吻合：這是指對時間要素的考慮要配合個人的價值觀，如此配合才能確知時間的緊急與否與重要順序。

　　2.設立明確目標：以最短時間完成最多事項為目標原則。

　　3.改變自己的想法：克服並完成不想做但必須做的事。

　　4.遵守 20 比 80 定律：以較高比例的時間做較重要的事。

　　5.安排不被干擾的時間：保留一些時間不被干擾，以便能冷靜思考提升效率。

　　6.嚴格規定完成期限：以有限的時間完成規定的工作，以免浪費時間。

　　7.做好時間日誌：詳細記錄做每樣事情的時間，供為檢討改進之用。

　　8.理解時間重於金錢：學習成功者的經驗可助節省許多時間與金錢。

　　9.學會列清單：由看到清單而更愛惜時間。

10.同一類的事一次做完：可節省時間，提高工作效率。

11.以每分每秒最有效率做好事情。

（四）GTD（Getting Thing Done）方法

這是取自 David Allen 所寫的一本書名，其重要的原則是在於個人可由通過記錄的方式，使頭腦可集中精力在正在完成中的事。這種方法共分五小類，也是五個步驟。

1.蒐集：蒐集有關資料。

2.整理：不定時系統化進行。

3.組織：包括資料組織與行動組織。

4.回顧：回顧與檢討計畫。

5.行動：定出時間表並依表進行工作。

三、理論演進與啟示

人類歷史上對時間管理的重視由來已久，有關的理論也有明顯的發展與變化。約可分成四個不同的世代，各世代的理論各有其重點，將之列舉並述其要點如下。

（一）第一代：備忘錄型

這一代管理時間的重點是順著時間的演變，追蹤其歷程，隨時可改變時程，這種管理的方式，彈性大，壓力小。

（二）第二代：規劃與準備型

這一代強調規劃行事曆及日程表。具有達成率高的優點。

（三）第三代：規劃優先順序型

優先順序操之在我，以自我價值為決定基礎，其優點是自主性高。

（四）第四代：自然法則與羅盤理論效率相對型

此種管理強調產出與產能的平衡性，管理者常要做選擇以達到兩者的平衡。

由上舉四個不同世代理論的內容可知不同世代時間管理的要點各有不同，與當時的社會環境特性及人性的思考與行為習慣有關，故都有其必然性與合理性。因為人類的文化與文明都有連續性，早前人類對時間管理的概念與理論於今仍有參考的價值。唯因社會不斷在變化，文明不斷在進步，後人對時間管理的觀念與思想也不斷在調整與改變。在人口劇增、競爭性越高的時代，人類對時間的管理多半也越緊湊，管理的條件也越嚴謹。這些概念也為此一時間管理理論的演進給每一人最重要的啟示與參考之處。

四、善用時間成就自我的最終目的

時間管理的最主要目標無非要對時間作更有效的利用，人類力行時間管理的目的也無非在追求效率，使能在有限時間內，達到更高的效率，獲得更多的成就。社會上人人實施自我時間管理，也應以此為努力目標，以能達此目標為要務。

由於人各有志，每個人的人生志向各不相同，努力的目標各不相同，利用時間的方式也會有不同，但是為能使時間因素發揮最佳效果，則利用時間的方式應配合自己追求目標的原則卻是相同的。能作好此種配合，自己所要達到的目標與成就才能最佳。

第七節　自我情緒與情感管理

凡是生物都有情緒，但人類還有情感。人的情緒與情感反應相當明顯複雜，適度情緒及情感的反應對自己與他人有益無害，但

不當的情緒與情感反應則會傷人也傷己。對於不當的情緒或情感必須加以管理與控制,對於有益情緒與情感也必要加以管理控制與表露。如下提出五項重要的情緒與情感的管理要點。

一、抑制火爆脾氣

發脾氣是一種很強烈的情緒與情感反應。火爆的脾氣情緒多半都很傷人,有必要加以抑制,不使爆發為宜。人會爆發不好的脾氣常是在非常生氣之時,生氣的原因常是因為他人犯錯,但也極可能因為自己的誤解或偏見。遇此情境,如果不夠冷靜,脾氣常會一發不可收拾,常會破口大罵,以致可能連續發生許多不良的後果。因此最好能夠冷靜,抑制火爆脾氣,以免導致不良後果。

二、減少負面指責他人,多給正面鼓勵

人與人之間難免會遇到不如心意與看不順眼的事,遇此情況若不能抑制自己的情緒,常會出口指責別人,甚至破口大罵。別人聽到惡言,心裡不會好受,多半也不會有很和善的回應,由是兩者關係可能變壞,甚至也以惡劣的回報收場。

人在自我管理情緒時,若能改負面指責他人的不是,變為正面的鼓勵他人,則他人聽了會很感動,必定也會有較正面的反應,結局也會較佳。

三、去除惡劣情緒與感覺

人都會有精神低潮情緒惡劣的時候,卻不可使其停留太久,否則會傷心也傷身。控制精神低潮與情緒惡劣的方法與途徑不少,有效者則因人而異。有人可由高歌一曲化解,有人可由找人傾訴而

消除，也有人能在安靜之後恢復正常，或由其他動作而轉移與遺忘。不論使用何種方法，都以能儘早去除惡劣情緒與感覺為重要的管理目標。

四、保持歡樂愉悅心情

惡劣情緒的反面是歡樂愉悅的心情，不少理論都能證實人的心情與身體健康有關，歡樂愉悅的心情有助身體健康。人要管理自我情緒與情感，以能保持歡樂愉悅心情為要事，使其能促進健康，減少傷害。

五、適度表露關懷的情感

適度關懷他人可使他人獲得溫暖的情感，可能會有善意的回報。人與人能多相互關懷，世間就充滿溫暖與和樂，對於促進人人的幸福與社會的融洽和諧都有正面的作用，值得人人當為管理自己的情緒與情感的借鏡。

第八節　自我人格管理

一、人格的塑造

人格也稱為人的性格，是指人心理特徵的總合，且是較為穩定的心理狀態。人格會影響與決定人的行為，也延伸到人的氣質。每個人的人格可由塑造形成與改變。人會塑造成何種人格，則決定於兩大方面的因素，一種是環境的影響，另一種是自身的因素。

塑造人格的環境包括個人以外所有能影響人個性習慣的外在條件，重要者包括家庭、朋友、學校師長、同學與社會大眾等。外

界環境影響或塑造個人人格的重要方法與途徑有兩種，一種是約束或禁止個人不可做某些事或表現某些行為，例如違反規範與法定的事。另一種是疏導或鼓勵人去做某些事或表現某些行為，被環境疏導或鼓勵的行為或事情，則都是外界許可的，也是認為有意義有價值的。

可由個人努力塑造人格的重要方法與途徑也有兩要項，一項是先養成、學習或避開某些行為習慣，進而再穩固行為習慣。在培養或學習習慣時要很用心與努力，要避開某些行為習慣時，也要下定決心努力以赴。在穩固習慣時極需耐性，須能長久鞭策自己，約束自己與管制自己。人要能塑造出良好的人格，在人格的養成與塑造的過程中必須選定真理當為信守的目標。

二、時常反省

自我管理人格很必要經由反省的過程。反省意指回憶檢查自己的思想行為，從中發現錯誤並加改正，能改正錯誤才能進步。人難免會有錯誤，但因偏心，很難看清自己的錯誤，唯有能夠反覆省思，才能看清自己人格上的錯誤與缺點，也才能發現自己的優點。反省對改正錯誤的效果正如古人所說：「人非聖賢，誰能無過，知錯能改，善莫大焉。」

三、改正惡習

人格管理的目的在能健全人格，要能健全人格很必要改正惡習。人都因貪圖方便利益而難免積存許多惡劣習慣。惡習發作時會使人表現惡劣行為，人格上就有了偏差並會變壞。要能管理人格，使其正常端莊，必須改正或消除這些惡習。

改正惡習的最佳方法是如前面所說反省頓悟後改正。也可由

接受他人的勸告、抵制或制裁後改正。少年感化院及監獄等是社會與國家的設施與機制，用來懲罰犯法的人，使其能改邪歸正，去惡從善。不少曾經有過惡行的人，經由這些設施與機制懲罰後，終能改善，但也有失敗的情形。

四、讀聖賢書，學聖賢行

要能管理好自己的人格，由正面讀聖賢書，學聖賢行是很有效的方法與途徑。被稱為聖賢的人不僅學問好，人格也很端莊，甚值得大家尊敬與效法。有心管理好自己人格的人，認真讀聖賢書，學聖賢行，不會有錯。聖賢之人常將其領悟與感受、為人處世的良好心得記錄在其書籍著述中，也常以行為表現，供眾人效法與學習。後人讀其書籍，學其行為都能獲得真傳，受其薰陶與影響，造就自己人格的提升與長進。

五、慎戒惡念與貪婪

人類因為外界的引誘或感染，以及內心的醞釀滋長，難免產生許多惡劣的念頭，包括要報復別人、搶人利益、拖人下水、欺侮弱小等。其中貪婪錢財與名位之心更是難免。這些惡念存在心中可能爆發成惡劣行為，使其人格敗壞破產，因此要能管理好自己的人格，必要將心中的惡念加以戒除。重要的戒除方法與途徑是修心養性。佛、道與基督等各種宗教都在教人修心養性，要能戒除惡念。許多非宗教性的境遇與活動，也都以能使人戒除惡念為宗旨。有心鍛鍊人格的人，都可接觸、學習與效法。

六、不占他人便宜

在人類的日常生活中，不少人都喜歡占他人的便宜，此種性質常成為人類惡念與行為。人要自我管理，必須將此種惡念與行為清掃出門。

占他人便宜必使他人吃虧，他人心中一定不舒服。雖然有人不會反抗，有人無力反抗，有人反抗無效。但被人占了便宜，心中不舒服，必也難受。人同此心，心同此理，個人要能管理自己不至於占他人便宜，必須要從建立「己所不欲勿施於人」的道德心開始。

七、當個有良心的社會人

人都不能離群索居，必須與他人有來往，建立關係，過著社會性的生活。缺乏社會生活會很不方便，甚至生活不下去。要過社會生活必要能夠與人和平共存，也即要在心中存有他人，尊重他人的存在，待人合乎社會規範與禮節，也就是成為有良心的社會人。缺乏這種人格特性，很可能被他人所排擠，難以在社會中生存，更談不上會有發展。

第九節　自我品牌的管理

一、自我品牌的意義與重要性

品牌是一種品質的稱謂，是一種標記、符號或圖案，給他人深刻的印象與記憶。好的品牌能明顯優於競爭者，與競爭者相比可在社會上或商場上占有優勢。

在當今高度商業化的社會，商品要能有好銷路必須要有獨特

的優良品牌。人在這種社會中要能發展並占一席之地，也要將自己管理成像管理商品一樣，有獨特的品牌。

二、設定品牌的特徵

人要建立品牌一定要建立良好的品牌，而非不良的品牌，不良的品牌不如無品牌，要建立良好的品牌就需要先設定品牌的特徵。良好商品的特徵常以價廉物美的優勢或用途上的特色，領先滿足消費者的優勢條件。人要建立品牌也可從多方面建立優勢的特徵，較常受到注意與重視的特徵有下列這些。

（一）良好能力

商業性及服務性的人品常由服務他人展現，服務他人的良好品牌以有良好能力最受人重視。有吸引力的政治人物要有造福人民的能力，優良的教師要有教育學生成功的能力，優良的建築師要能設計美好的房子，良好的工人要能做好工作，優良的農民則要能種好田地。良好品牌的特徵與各種職務與角色有密切的關係，不同的職位與角色需要具有的良好品牌各有不同。有時一個職位或一個角色需要具備多種品牌特徵。

（二）講究信用

信用是讓人尊重與可靠的重要本錢，有信用的人他人才願意與之往來與互動，良好的個人品牌必須言而有信，給人良好的口碑。

（三）滿足他人需求

品牌屬自己所有，卻常為他人的需求而設立。某人需求他人品牌是為能滿足需求，為其服務。因此要有良好的個人品牌常要能為他人提供服務或功能，滿足他人的需求。

三、表現品牌特質

設定自我品牌特徵以後，接著的重要管理要點是表現品牌特質，也即要將設定的品牌加以實踐落實，使他人能有感覺並受惠，感受品牌特徵的重要。有此表現，良好的個人品牌就能在社會上傳開並屹立不搖。

四、推銷自我

為使他人能夠認識與了解自我品牌，個人有必要推銷自我。實際表現品牌特質是最好的推銷方法。有時為能給他人深刻印象，也適合做某種程度的宣傳廣告。藝人與政客常由爭取在媒體上的曝光率提高支持度，畫家常由開畫展提高知名度，音樂家常由開演奏會，作家則常由辦理新書發表會等，爭取觀眾或讀者，商人常由拉攏黨政關係為商品做廣告而樹立商譽，餐廳則常於初創時使用試吃或減價方法吸引顧客。過度推銷若缺乏實質，常會漏氣，但適度的推銷則能有助品牌的建立與發展。

五、成就自我

管理自我品牌的目的也是最可靠的方法是成就自我。將自我確確實實達到成就，自己可感受與享受成就，別人也能相信並尊重成就，良好的品牌也就順理成章自自然然建立起來，不必再自我宣傳與推銷，別人也會自動為其廣告。所謂一舉成名天下知，由成就而成名是最可靠推銷自我品牌的方法，也是追求自我品牌者所想達成的最終目標。

第四篇
管理面臨的變遷與挑戰

第十七章　管理面對變遷問題的影響與挑戰

　　管理隨著相關條件的變遷與問題會受到不少影響，因而也面臨不少的挑戰。相關條件的變遷大致上包括兩大方面，即環境條件的變遷及組織機關的變遷。其中較重要的細項變遷且對管理會有較大挑戰者約包括六方面，即（一）人口與人力變遷，（二）技術變遷，（三）環境變遷，（四）經濟變遷，（五）社會變遷，（六）國際化。這些變遷中又各包含若干較重要的細項，這些大大小小的重要變遷都會對管理造成困擾，使組織機關在管理上面臨重大的挑戰，必要加以調整應對去克服問題與挑戰。本章先分別列舉各種條件的變遷及其問題，再論這些問題給管理帶來的影響。

第一節　人口及人力變遷問題及影響

　　人口是許多企業等組織的人力供應要素及消費要素。人力是指人口中有工作能力的部份，更是企業等組織人力資源的主要來源。社會上的人口及人力變遷問題包含許多方面，其中以數量成長太快或太慢甚至是負成長最受注目，對企業等組織的不良影響也最大。以晚近臺灣歷史上的幾項重要變遷問題及其對企業等組織在人力資源管理上造成的影響或衝擊述要如下。

一、人力快速成長造成人力過多問題及影響

　　二次世界大戰以後，臺灣曾經有二、三十年期間人口及人力的成長快速，造成人力過多。在 1970 年以前每年人口的自然增加率都在 2%以上。在 1960 年前每年人口成長率高達 3%以上。高出生率造成在短期間每年總人口數及小孩人口數都大量增加。工作年齡人口及勞動力也快速並大量增加。在 1960 年代每年總人口約增加 40 萬人，到 1970 年代每年約增加 32 萬人。在這 20 年中間每年 15 歲至 64 歲的工作年齡人口增加約近 30 萬人。

　　這種人口及人力的快速成長且大量增加，使管理國家大政的人面臨很重大的挑戰，必須應對許多新增人口及人力所需要的生活資源，包括：糧食、教育、就業、公共設施及服務。這時期民間的主要產業為農業，人口及人力快速大量增長也促使農業改進及轉型。先是因勞力過剩朝向勞力密集產業的經營，但也使勞動生產力變低。被迫轉型朝向勞動密集的加工業或民生工業的發展。這種因人口與人力快速增加帶給行政管理上及產業經營上不少壓力。但在臺灣這種影響已成為過去的歷史。

二、少子化人力資源減少的變遷問題及影響

　　臺灣因推行家庭計畫進行人口控制成功，約自 1990 年代以後人口成長率降至 1%以下，到了二十一世紀的第十年時降到不及 0.1%。人口及人力成長嚴重退化，使社會上的人力供應嚴重缺乏與不足，不少產業要求引進外勞，也有因為人力得之不易，紛紛引進外籍勞工。隨著產業外移，本來已經銳減的勞力也跟隨外移，更造成國內產業經營困難，引發關閉或遷移的惡性循環。產業嚴重失血，變為空洞化，經濟也衰退不振。

三、引進外勞的人力變遷問題及影響

（一）引進的歷程與組合

我國自 1989 年正式引進外籍勞工，至今已近四分之一世紀。引進的過程人數大致呈逐漸增加趨勢，在 1991 年時有 4,521 人，至 1996 年時共有 291,311 人。至 2014 年 2 月，共有 557,774 人，其中製造業勞工最多，為 318,165 人，次為醫療保健、社會工作服務及其他服務工作者，共有 224,027 人，農村漁牧業工作者有 10,385 人，營造業有 5,197 人。

至 2013 年底外籍勞工的國籍以印尼最多，占 43.6%，次為越南亦占 25.6%，再次為菲律賓占 18.2%，泰國占 12.6%。外勞工中女多於男，女性共有 288,171 人占 58.9%，男性共有 200,963 人占 41.1%。

（二）管理的層次及面臨的問題

就雇主的組合共有三大類，即引進大量的公司或機關、少量的公司或團體，以及個別家庭等。就對外勞管理的層級則共有五層，最高層為中央政府主管外籍勞工的勞工部，第二是仲介外勞的機構，第三是地方政府的外勞主管機構，第四是社會上有關治安及福利部門，第五是外籍勞工的僱主，各層級的管理內容不同，遭遇的問題與挑戰也各不相同。

各層級的外勞管理機或組織，遭遇的問題各有不同。分別說明如下。

1.中央主管機關的管理內容與面臨的問題

行政院下的前勞委會及目前的勞工部是主管外勞事務的最高行政機構，引進外勞所面對的重要問題都是政策問題及行政問題。政策方面的問題，包括開放的尺度、選擇或限制、開放多少數量、何種行業或工作類別、滯留時間、保證金額、遣送條件、僱用資

格，以及僱主及外勞本身的條件等，在這些方面的政策都要合理制定，否則就會出問題。行政方面的主要內容包括對治安、保健及文化衝擊或影響的控制。但實際行政工作做起來常會有不順利的問題。

2.仲介方面的管理內容與問題

包括政府對仲介機關的管理及仲介對外勞的管理兩方面。政府對仲介機構主要負輔導與監督的職責，實際輔導與監督工作會有不周之處。仲介常會有剝削外勞問題。重要內容包括欺騙、過高的收費，至於仲介機關對外籍勞工的管理內容包括幫助外勞介紹工作機會、幫助辦理各種引進手續，但也負責避免外勞逃跑或其他不法行為。在輔導與監督過程中常會有不實或偏差的問題。

3.地方政府主管機構的管理內容與問題

地方行政機構中的勞工主管部門負有對轄區內的外籍勞工加以監督與輔導的職責，重要的監督工作包括預防及處罰勞工逃跑與犯法。地方政府也就近監督僱主不可有苛扣或虐待外勞的行為。但由於工作人員不足，監督與輔導會有不夠周全的問題，造成勞工管理問題也層出不窮。

4.社會上的治安機關及福利部門的管理工作與問題

地方上的治安機關如派出所或警察分局，以及福利部門如社教團體及社會工作團體，都分別負有管理及輔助外籍勞工的責任。這些機構能盡好職責與功能者不少，但也有因為人力不足或不夠認真而未能盡到全部責任者。在外籍勞工分布較多的地方，這些地方上的治安及社福機關實也無能為力，可以處理應付全部外勞問題與職責。

5.雇主的管理工作與問題

外勞的雇主包括機關團體及個別家庭，使用外勞也對雇用的外勞負有管理的職責，其應管理的內容包含兩大方面，即工作管理

及生活管理。工作管理的內容包括工作量、工作時間、工作效率與品質、工作態度與情緒、工資給付、離職與遣散等。生活方面的管理則包括伙食、業餘休閒福利與活動、醫療保健、語言溝通、外勞接眷及對其眷屬的管理等。負責又寬厚的雇主能將外勞管理良好，但也有不善管理的雇主，造成外勞工作量過度，或績效不佳，工時過長或不善安排工作時間，致使外勞太過勞累或太過閒散。外勞在工作效率與品質上較有問題者，以其語言文化差異未能充分發揮、性情較為偷懶或笨拙、短期健康不良、雇主態度不佳等因素都會造成工作效率與品質不佳。

　　至於在工作態度與情緒管理上的主要問題，也有少數外勞於休假日在外與朋友惹出事端，如賭博輸錢、感情糾紛、遭受種族歧視、工資剝削、變相雇用等原因而有情緒不佳的問題。出現這些問題都顯示出雇主的管理不周全或不適當。在工資管理上最常見的問題是外勞於領得最後一次工資後，企圖多作停留而逃跑。也有外勞對工資的使用不當，經常虧空，常向雇主預支，容易引起雙方不愉快。

　　至於生活上的管理問題，在伙食方面，重要的問題會有不合乎口味的情形，住宿會有不盡舒適之處，對租屋外勞管理不便。在業餘休閒生活方面的較大管理問題是在外滋事，或因受到教唆學壞。在語言溝通方面的重要問題是有時主雇雙方難免會有誤解。在醫療保健方面的問題有出示不實證明或有雇主未按時督促其作健康檢查。有管理接眷的問題雖只發生在有眷外勞身上，但接來之後，居住安排多少都會有一點麻煩問題。

第二節　技術變遷問題及影響

一、技術因創造及傳播而變遷與進步

　　人類社會運用的技術非常多種，且每種技術都不斷在創新發明並傳播。在遠地發明創新的技術經過傳播，也能為本地人所使用。技術在變遷的過程中多半越變越進步，對人類越有用，且越便宜省錢，更多的人都能用得越滿意。

二、技術變遷是一種重要的社會與經濟過程

　　經由人類創新、發明與傳播的各種技術，都經過社會過程。新技術的誕生與出現都經過社會上的同意與選擇，會被接受與使用，也都因為接受與使用了能得到最大的利益。

　　各種技術的變遷過程常要投入研究發展的經濟成本，也要合乎社會規範，並要有社會設施與體系為之配合。技術在傳播的過程中，也常要借重社會上已存在的設施為工具，如對傳播媒體的運用才能較為快速有效傳播。

三、新時代人類最重要的技術變遷

　　在二十一世紀的新時代，人類社會的各種技術變遷不斷在進行，且有可能比以往歷史上的技術變遷更加多樣性，速度也更快。這些性質的出現都是因為技術變遷具有累積的重要性質，以往累積的技術文明成為日後技術創新與進步的基礎。因此人類技術變遷的歷程多半都是越變越多，也越快。

　　在各種快速的技術變遷中，最驚人且最引人注意的恐怕是改變人類腦力工作的技術，或稱神經學者（neuroscientist）技術。

神經科學會改變人類對本身的認同，威脅長期以來人類所認識的人類是什麼、做了什麼事、表現出什麼行為等觀念。人類的腦力與神經都會受到這種科學所改變，改變人與他人互動的方式，改變人類喜怒哀樂的感覺，也改變人的潛力。這種改變都因腦部受到人類所發明或創造的有害藥物、酒精、電動玩具等的威脅所造成。

　　神經科學也將可從正面經由改變腦神經細胞的組合，創造合適的環境條件，將有助腦神經對外界作更適當的反應，更具創造力，也更能表現自己。

四、技術變遷對管理的影響

（一）技術改變的多樣性

　　人類許多技術變遷都被廣泛應用在生活的許多方面，包括被管理的事項，以及用為幫助管理的工具，都涉及到變遷的技術，可說技術變遷使管理有更多的事可做，也幫助管理做了許多的事，解決了許多的問題。在此針對技術變遷造成商業環境，因而助長對商業管理影響的必然性做一些說明。

（二）技術商品化的重要趨勢

　　多數的技術變遷都因功利目的為動機，也即為能有用以及為了營利，於是技術變遷的成果都會變為商品。商品要有技術為後盾與背景，技術也藏在商品之中，各種各樣的商品都是技術與物質結合的結晶，人類運用技術變造物質的外貌形成實質，使人類更為有用也更為喜愛，乃大量製成商品。

　　製造商品的過程需要生產管理。製成商品後需要買賣銷售，因此又需要有行銷管理。從製造到行銷都要投入人與資金，也都會有金錢往來，因此也都要做人事管理及財務管理。管理最需要發展出標準性及規範性的模式與方法，才能方便及省事。因此每樣新技

術也都促使新管理法則的產生。

（三）技術變遷衝擊管理

在二十一世紀的新時代，技術變遷當中有關管理技術也突飛猛進，其中以電腦與網路技術的進步最為驚人，電腦技術為應對人類的需求、利益而改進硬體與軟體的設計，對於各種資訊能作很複雜的統計分析與研究，變為更人性化，也更聰明。圍繞電腦發展的技術包括電腦工程、電腦資訊、電腦語言、電腦科學等。網路則是經由電腦，或其中的網際網路可用做全球性的溝通系統，而可溝通的資訊包羅萬象。

（四）電腦與網路是兩項重要影響管理的技術

電腦與網路可說是當今最普遍也較廣泛應用於管理事務的兩種最重要的技術。幾乎所有較有規模也較有水準的組織機關或企業，都要使用電腦與網路當為管理的工具。其中電腦應用的內容與範圍包括可用做控制體、計算、記憶、投入產出轉換、各種目標及多種資料的處理，以及做為網際網路運作。轉變成日常用途則可用做打字、寫作業、看信件、看電影、聽音樂、存放資料。

網路科技的發展約自 1960 年代開始，至今約只有半個世紀，其影響威力之大廣遍所有學術領域與各種實業面向。多半的學術與實業機構都經網路蒐集與傳播資訊，當為發展學術及實業的很重要工具、過程與方法。且至目前為止，這種技術不斷在研發過程中，也因為研發者可從中為自己創造巨額的利潤。因為在未來此種技術的變遷將不可限量，對於人類生活的許多方面都將有難以預測的驚人影響。

（五）管理技術變遷的必要性

1.意義與目標

技術對人類生活的影響非常重大深遠，雖然多半的技術變遷對人類是正面的，但也難免會有負面的技術變遷。正面影響的技術變遷需要管理，使其好處能夠保存並再進步，負面的技術變遷更要嚴加管理與控制，使其不對人類造成禍害。

這種管理的首要目標在於確立標準的管理方法與過程，使能有效利用變遷，並促使變遷來控制其後序設施或產品，減低不良的後果。這種標準管理方法及過程可應用在所有技術變遷上。經由管理必能使技術變遷更加符合人類的需求。

2.管理要點

管理技術變遷的標準模式有二，一是選擇變遷加以使用，二是引導變遷的過程。需要使用選擇變遷加以使用的原因是技術變遷的種類很多，不是所有技術變遷對某一事務都能處理，只好選擇合適有效的技術變遷加以使用，才能節省且經濟，不浪費且有效。另一種管理的標準方法或過程是在變遷之前就設法引導，使技術變遷朝向所要的方向與目標變化，使其變遷之後能合乎需求。不少商業技術研發與改變都用此種標準方法與程序在進行。

第三節　環境變遷問題及影響

一、意義與原因

環境變遷主要是指因人類的影響及自然生態過程，使自然環境受到干擾而改變。重要變遷現象包括物理、氣候及物種的改變等。造成環境改變的力量或因素來自兩方面，一種是自然因素，另一種是人為因素。在人為因素中，技術變遷卻是很重要的一項，因

為技術改變引發自然條件改變，而造成環境變遷。

二、傷害人類健康的全球性環境問題

在各種環境變遷的內涵，最受人類關切與憂心的應是傷害人類健康的全球性環境變遷。重要的變遷內涵包括氣候變遷（climate change）、同溫層新鮮空氣消耗（stratospheric ozone depletion）、因生物分化造成的生態體系變遷（change in ecosystems）、水文體系的變遷（change in hydrological system）及新鮮水資源供應改變（the supplies of freshwater）、土質退化（degradation of land）、都市化（urbanization）及糧食生產體系的壓力（stress on food-producing system）。上列各種環境變遷都對人類健康有不良的影響，包括對身心健康都有傷害。

三、保護環境的策略

為能保護人類健康，長久之計有必要從各層面管理好環境變遷，包括從社會、經濟、環境改變等策略，使能減少人類的災難與惡運。就此三大方面的重要控制策略扼要加以說明。

（一）社會控制策略

這方面的控制策略可分成非正式控制及正式控制策略兩大類。前者可由社會價值透過規範習慣及道德，對個人的內心加以控制，使其不貪心物質享受，不對環境造成傷害。正式的控制策略是由制定與實行政策與法律來引導人類正確與環境互動，不做破壞或傷害環境的行為。

（二）經濟控制策略

此種策略是運用經濟的觀念與理論，對自然環境加以維護的策略。重要的策略包括維護生態資本（preserving natural capital）、避免市場上使用資源失效（fail to allocate resources efficiently）、對傷害外部（externality）者須負責、污染製造者必須付費負責，對公共財（common goods and public goods）要能有效合理使用。

（三）環境控制策略

有效控制環境變遷的策略可直接從控制環境下手，重要的控制策略包括積極的環境保護及消費的有效利用自然資源。為能較長遠確保環境不被破壞，較積極的方法是對環境加以保護，由個人、組織機關及政府共同努力。保護的方法包括復原及防止破壞。在不得不利用環境資源的情況下，要能有效利用，不浪費，也是一種較消極的保護方法。

第四節　經濟變遷問題及影響

一、經濟變遷的定義及重要變遷

經濟變遷是指經濟的轉變，包括增進、維持現狀及衰竭，最常觀察到的變遷是經濟循環，也即是從繁榮變到衰退再變回繁榮。而經濟發展是人民及政府最想見到的經濟變遷景象。這種景象表現在社區的富庶及創造就業方面。

二、兩種主要變遷對管理的影響

經濟兩種重要變遷方向是正向的經濟發展，及負向的經濟蕭

條。兩種經濟變遷都直接衝擊經濟體如企業的活動，變為活潑或衰弱，因而使企業等組織體的管理都需要加以調整。

（一）經濟發展對管理的影響

當社會處在經濟發展的時期或階段，各種企業組織都朝向擴充規模，增加投資的發展活動與行為。企業的重要管理策略可能包括增加投資、擴建廠房等設施、招募人力等積極作為。為增資常要向銀行貸款，這時期銀行利率通常也會升高，資金來源常有不足的瓶頸。

（二）經濟衰退對管理的影響

當大經濟環境不景氣，影響企業組織的經營困難，常會面臨縮小規模、減資，甚至關門倒閉的後果。企業組織機構也面對遣散員工，容易引發勞工的不滿及抗命。如果經營不善，債務難還，也會引來私人或銀行債主逼債還錢，組織的管理會面臨極度的困難。有者被迫陷入破產了結，或度小月過難關，等待經濟的復甦，再重振旗鼓，圖謀發展。

第五節　勞工與消費者運動及影響

一、勞工運動的興起與經過

勞工運動是產業工業化及政治民主化以後工人的集體活動，目的在爭取較高工資或法定利益，如減少工時及改善工作環境等，抗爭的對象是雇主及政府，這種運動常會引起知識分子、在野黨及特定政治人物的同情與介入。臺灣勞工運動自從 1980 年代，政治上解除戒嚴令後頻頻發生，至今前後發生的運動事件有很多，迫使政府於 1984 年設立並公布對勞工較公平的《勞動基準法》，做為

勞工法規的最重要法律依據。

二、勞工運動對管理的影響

　　勞工運動目標與對象主要是雇主及政府，其影響也以對雇主、政府為最主要，但也回饋到勞工本身。本小節僅就影響雇主對勞工及相關業務管理略作說明。

　　臺灣的工業雇主有三大類，第一類是大型的私人企業，第二類是私人中小企業，第三類是公營事業單位。勞工運動對於三類雇主的利益立場都與勞工對立，勞工運動都被三類雇主視為不利的活動，雇主對於勞工運動基本上都會抗拒，對勞工運動時提出的要求都會儘量抵賴，到不得已時，才會讓步。讓步也即對勞工的要求作適度的放寬，重要的妥協與讓步的內容是加薪、增加遣散費或退休金，改善工作環境或福利條件等。

　　三種雇主之間與勞工對立較為明顯的是大型的私人企業，其雇用的工人數目較多，故容易聯合成抗爭團體，雇主管理勞工也較制度化，有爭議較少私下解決，常會公開化。勞方常以運動為手段，資方也常要正式回應，請出政府仲裁，或到法院訴訟的事件常有所見。

　　中小企業與勞工之間的關係通常較非正式性，不少企業主與勞工之間都有私情關係，因此較少爭議事件，利益關係上若有問題較有可能私下解決了斷。由於每單位員工數量較少，工人之間結夥抗議的運動也較少見。

　　公營事業的雇主為政府，其高階的管理人員也為政府聘用之人，其管理角色與私人機關的管理者有所不同。管理者與工人常處於同一陣線上，對於基層勞工的運動，管理者較少有對立的感受，因此會比較寬鬆對待，同情與忍受的程度也會較高。

三、消費者運動及影響

（一）意義與興趣

　　消費者運動是指在市場經濟下的消費者所發起的社會運動，目的是為維護自身的利益。有組織地爭取社會公平正義，保護本身的合法權益，減少損害，改善生活與地位。

　　在工業發展先進國家，消費者運動發展甚早，自十九世紀中葉以後，英美國家已普遍存在。在臺灣直到二十世紀末政治民主化以後，消費者運動才隨之發生。消費者爭取的權利主要包括四大方面，一是求安全的權利，二是了解真相的權利，三是選擇的權利，四是表達的權利。這些權利要求的對象是生產者及政府，要求生產者尊重消費者權利，要求政府有保護消費者的責任。

（二）對管理的影響

　　依消費者運動的宗旨與目的，此種運動必然會影響到滿足消費者的要求，不得不講究產品的安全性，要將生產過程的資訊公開透明，要給消費者較自由選擇產品的機會與專利，有爭議時要多聽消費者的心聲。這種運動也要求政府多用心保護消費者利益，對生產者能多加管理與約制，使其不損及消費者的安全、健康與利益。

第六節　國際化及影響

一、國際化的興起

（一）定義

　　國際化（internationalization）也稱全球化（globelization）。是指人類生活在全球或國際規模的基礎上發展，及全球意識的崛起。國與國之間的政治經濟相互依存，全世界成為一整體。

（二）興起

國際化或全球化自二次世界大戰結束後產生，國際間成立許多自由貿易的協定，目的在減少貿易障礙，最主要的協定有在 1940 年成立的關稅暨貿易總協定（GATT） 及 1995 年成立的世界貿易組織（WTO）。在政治全球化方面則由聯合國及其周邊的組織在推動。

二、對管理的影響

國際化與全球化的經濟動機是為推動貿易自由化，因此其對管理的最大影響是促使許多企業組織的營運作全球化的布局，並促使不少跨國性企業的產生。各國的政府也必須配合推動發展全球貿易發展的策略。就此三方面受到影響扼要說明如下。

（一）企業全球性營運的布局

由於國際化及全球化趨勢的影響，世界上許多企業都跟隨布局其生產及銷售策略，以世界性為其發展目標。廠商的產品不僅供應國內需求，也供應外國消費者的需求。許多商業以國際貿易為其主要業務，將其商品銷售到國外。國際性布局的廠商及貿易商，在選擇產品、用人、資金的調度與管理，客戶往來都需要有國際的觀點、立場與措施，不能僅侷限在國內的範圍活動。

（二）跨國公司的設立

應對經濟的國際化與全球化，不少較具規模的公司行號都設立跨國性的組織為之應對。這種公司英文稱為（Multinational Corporation, MNC）或稱跨國企業（Multinational Enterprise, MNE），這種企業在多個國家或地區設有辦事處、工廠或分公司，經營調度業務，總公司則設於某一特定國。這類公司規模都很

大，其預算有超過政府預算之可能性。其不僅對全球經濟有影響，對全球政治也有影響。世界著名的跨國公司有西門子、蘋果、可口可樂、英國石油、富士通、日立、本田、Google、IBM、麥當勞、宏碁、臺積電、鴻海、奇美等。

（三）政府的配合政策

各國政府為配合國際化的潮流與趨勢，在許多政策方面都要擇取開放性的政策與之配合，重要的配合政策包括貨幣自由開放、貿易關稅自由開放、交通觀光自由開放等。此外也常實施優惠外商設廠、減稅或免稅等政策，並組設外貿協會等組織，派員駐在各國招商或協助國內貿易商在各國推展業務。

第七節　企業管理面臨社會責任與倫理的挑戰

一、企業社會責任

企業社會責任是一種道德或意識型態的概念，主要是指企業有責任要對社會作出貢獻，並避免對社會的傷害。貢獻的方式可由參與各種社會事業，如社會服務或社會福利。其主要意義是因其利益是得自社會，因此也要將利益回饋社會。關係的人包括消費者、顧客、員工、供應商、投資股東、社會團體及大眾。避免傷害社會的事項則包括不雇用童工、不作強迫性勞動、提供健康安全的產品及環境、容許員工集體談判、不可有歧視行為、要講求信用、不可有不當的懲罰措施、遵守合理工作時間、提供合理的薪資酬報、保證產品的衛生健康、防治環境污染與破壞等。

二、企業倫理

　　企業倫理又稱企業道德，是指企業經營者應具備的倫理道德。表面上企業倫理道德與企業目標常背道而馳，互相矛盾與衝突，但實際上必須成為其追求目標之一，因為企業缺乏倫理道德必為社會所不容，會被時代所淘汰。因此除追求利潤時，不能違背倫理道德，前面所指的各種重要的企業責任，也都是其應遵守的倫理道德。倫理道德的重點在能不傷害他人，能顧及別人的安全與利益。

三、企業責任與倫理道德對企業管理的挑戰

　　面對企業責任與倫理道德的挑戰，企業的管理者必須有高標準的道德感與行為標準，要遵守道德與法律。先由本身作好表率，再進而教育員工也具有倫理道德的觀念、思想與行為，建立良好的企業文化制度與形象。努力使企業能受消費者大眾及社會的支持與愛護，幫助企業業務的發展。要盡好責任，與合乎倫理道德，上層管理者除要能做好示範，也要對下屬做好監督工作。

參考文獻

中文文獻

1. 方至民、李世珍，2013，管理學：內化與實踐，前程文化出版社出版。

2. 方世榮、楊舒蜜，2012，現代人力資源管理，華泰文化出版社出版。

3. 司徒達賢，2013，管理學，遠見天下出版社出版。

4. 余朝權，2005，現代管理學，五南文化事業出版。

5. 李智明，2013，管理學，雅各文創有限公司出版。

6. 周瑛琪、顏忻怡，2013，服務管理，華泰文化出版社出版。

7. 林均妍、林孟彥譯，2014，管理學（Stephen P. Robbins & Mary Coulter），華泰文化出版社出版。

8. 林建煌，2013，管理學概論，華泰文化出版社出版。

9. 林清河、桂楚華，1998，服務管理，華泰文化出版社出版。

10. 洪明洲，2002，自我管理與激勵，飛訊，3 期 1-13 頁。

11. 秋蓮黃，2001，認知行為的改變：行為的自我管理，國教天地，143 期，3-23 頁。

12. 范惟翔，2005，行銷管理 —— 策略、個案與應用，揚智文化事業有限公司出版。

13. 孫曉敏、薛剛，2008，自我管理研究回顧與展望，北京師範大學心理學院學報，106-113 頁。

14. 殷乃平，1982，財務管理，五南出版事業出版社出版。

15. 張保隆、伍中賢，2011，生產管理，五南文化事業出版社出

版。

16. 張國雄，2014，行銷管理：創新與挑戰，前程文化出版社出版。

17. 曹淑琳，2014，財務管理：理論與應用，新聞經出版社出版。

18. 許士軍，2001，管理學，臺灣東華書局股份有限公司出版。

19. 許世雨等譯，1997，人力資源管理（David A. DeCenzo & Stephen P. Robbins），五南文化事業出版社出版。

20. 許是祥譯，1984，企業管理——理論、方法、實務（R. M. Hodgetts 著），中華企業管理發展中心出版社。

21. 陳永霖，2015，管理學，三和文化出版社出版。

22. 陳惠琪，2013，管理學概論，臺科大出版社出版。

23. 曾光榮，2014，行銷管理概論，探索原理與體驗實務，雙葉書廊出版。

24. 黃同圳，2014，人力資源管理：全球思維臺灣觀點，華泰文化出版社出版。

25. 黃俊隆編譯，2012，管理學，臺北普林斯敦出版社出版。

26. 黃恆獎，王仕茹、李文瑞，2011，管理學概論，華泰文化出版社出版

27. 黃英忠，2007，管理學概論，高雄麗文文化事業總經銷。

28. 榮泰生譯，2013，管理學（Angelo Kinicki & Brian Williams），美商麥格羅希爾國際股份有限公司臺灣分公司出版。

29. 蔡宏進，2006，社會組織原理，五南出版事業出版社出版。

30. 鄭華清，2010，管理學概論，新華京出版社出版。

31. 駱少康，2013，行銷管理學，東華書局出版。

32. 駱少康譯，2012，行銷管理學（Philip Kotler & Kevin

Lane Keller），臺灣東華書局股份有限公司出版。

33. 謝劍平，2014，財務管理原理，智勝文化出版社出版。

34. 蘇雲華，2014，管理學，新頁圖書公司出版。

英文文獻

1. Brown, William A. 2015. *Strategic Management in Nonprofit Organization.*

2. Burlington, MA. *Jones & Bartlett Learning.*

3. Bullock, G. William. 1981. *Management: Perspectives From Social Science.* Washington, D.C.University Press of America.

4. Certo, Samuel C. 2013. *Modern Management Concepts and Skills (13th edition).*

5. Cleland, David I. 1972. *Management: A Systems Approach.* Mcgraw-Hill. New York.NY.

6. Coulter, Mary K. 2012. *Strategic Management (6th ed).* Prentice Hall. New Jersey, USA.

7. Coventry, William F. 1977. *Management: A Basic Handbook.* Prentice-Hall. New Jersey.

8. Dickson, Bodil. 1995. *Introduction to Financial Management (4th ed).* Dryden Press.

9. Drucker, Peter F. 2009. *Management* . Harper Colins Press.

10. Earl, Michael J. 1983. *Perspectives on Management: a multidisciplinary analysis* . Oxford University Press, New York; Oxford.

11. Gomez-Mejia, Luis R., David B. Balkin & Robert L. Cardy. 2008. *Management: People, Performance, and Change, 3rd* . Mcgraw-Hill, New York, NY, USA.

12. Hamilton, Lindsay., Laura Miltchell., Anita Mangan (ed). 2014. *Contemporary Issues in Management* . Cheltenham, UK: Edward Elgar.

13. Hannaway, Jane. 1989. Managers Managing: *The Working of an Administrative System* . Oxford University Press, New York, Oxford.

14. Horgren, Charles T., Gary L. Sundem & Willian O. Stratton. 2004. *Introduction to Management Accounting,* 11 ed . Bloomberg Press, John Wiley and Sons. UK.

15. Hu, Juneja., Juneja Fishimanshu. & Prachi Juneja. 2011. *Management Study Guide* . Webcraft Put ltd.

16. Kast, Fremont E. & James, E. Rosenzweig. 1979. *Organization and Management: A Systems and Contingency Approach* . Mcgraw-Hill Book Company.

17. Liraz, Meir. 2013. Small Business Management Essential Ingredients for Success . Amozon Whispernet.

18. Pettinger, R. 2006. *Introduction to Management* . UCL home@libmeirraryservice Electronic Resource, UCL Discovery, UK.

19. Rees, W. David. 1984. *The Skill of Management* . Croom Helm Press, London.

20. Schmertion, Jr. 2011. *Introduction to Management* . books google.com.

21. Smith, Ken G., Hitt, Michael A. 2005. *Great Minds in*

Management: The Process of Theory Development . Oxford University Press, New York, Oxford.

22. Sigleton, W. T. 1981. *Management Skills* . University Park Press, Baltimore.

23. Taylor, Bernard W. 2013. *Introduction to Management Science* . Prentice Hall, New Jersey, USA.

24. Witzel, Morgen. 2004. *Management: The Basics* . Routledge, New York, NY.

25. Young, David W. 1994. *Introduction to Financial & Management Accounting: A User Perspective.* Cincinnati, Ohio: South Western pub. Co.

26. Vickers, Geoffrey, Sir. 1967. *Toward Sociology of Management* . Basic Books, New York.

國家圖書館出版品預行編目（CIP）資料

管理學概論 / 蔡宏進著. -- 初版. -- 臺北市：
元華文創股份有限公司, 2024.01
　面；　公分

　　ISBN 978-957-711-354-2 (平裝)

　1.CST: 管理科學

494　　　　　　　　　　　　　　112021589

管理學概論

蔡宏進　著

發 行 人：賴洋助
出 版 者：元華文創股份有限公司
聯絡地址：100 臺北市中正區重慶南路二段 51 號 5 樓
公司地址：新竹縣竹北市台元一街 8 號 5 樓之 7
電　　話：(02) 2351-1607　　傳　真：(02) 2351-1549
網　　址：www.eculture.com.tw
E-mail：service@eculture.com.tw
主　　編：李欣芳
責任編輯：陳亭瑜
行銷業務：林宜葶
出版年月：2024 年 01 月 初版
定　　價：新臺幣 400 元

ISBN：978-957-711-354-2 (平裝)

總經銷：聯合發行股份有限公司
地　址：231 新北市新店區寶橋路 235 巷 6 弄 6 號 4F
電　話：(02)2917-8022　　傳　真：(02)2915-6275

版權聲明：
　　本書版權為元華文創股份有限公司（以下簡稱元華文創）出版、發行。相關著作權利（含紙本
及電子版），非經元華文創同意或授權，不得將本書部份、全部內容複印或轉製、或數位型態之
轉載複製，及任何未經元華文創同意之利用模式，違反者將依法究責。
　　本書作內容引用他人之圖片、照片、多媒體檔或文字等，係由作者提供，元華文創已提醒
告知，應依著作權法之規定向權利人取得授權。如有侵害情事，與元華文創無涉。

　　■本書如有缺頁或裝訂錯誤，請寄回退換；其餘售出者，恕不退貨■